北疆文化研究系列

"三北精神"研究

本书编写组

BEIJIANG WENHUA
YANJIU XILIE
SANBEI JINGSHEN YANJIU

内蒙古人民出版社

图书在版编目(CIP)数据

"三北精神"研究 / 本书编写组编 . -- 呼和浩特：内蒙古人民出版社, 2024.6. -- (北疆文化研究系列).
ISBN 978-7-204-18129-2

Ⅰ . S727.2

中国国家版本馆 CIP 数据核字第 2024MB5302 号

"三北精神"研究

作　　者	本书编写组
主　　编	孙大为
责任编辑	王　静　董丽娟　蔺小英
封面设计	刘那日苏
出版发行	内蒙古人民出版社
地　　址	呼和浩特市新城区中山东路 8 号波士名人国际 B 座五层
网　　址	http://www.impph.cn
印　　刷	内蒙古恩科赛美好印刷有限公司
开　　本	710mm×1000mm　1/16
印　　张	7.5
字　　数	75 千
版　　次	2024 年 6 月第 1 版
印　　次	2024 年 6 月第 1 次印刷
书　　号	ISBN 978-7-204-18129-2
定　　价	29.00 元

如出现印装质量问题，请与我社联系。联系电话：(0471) 3946120　3946124

序

1978年,为了扭转西北、华北、东北地区风沙危害和水土流失带来的生态危机,我国启动实施了"三北"工程。40多年来,一代代"三北"工程建设者薪火相传,继往开来,在荒漠中播撒绿色,谱写了一曲曲改善生态、感天动地的绿色壮歌,铸就了可歌可泣的"三北精神"。

精神的力量是伟大的。国家强盛、民族复兴需要物质文明的积累,更需要精神文明的升华。习近平总书记高度重视精神的力量,他时常强调"人无精神则不立,国无精神则不强","党的伟大精神和光荣传统是我们的宝贵精神财富,是激励我们奋勇前进的强大精神动力"。

"三北精神"是北疆文化鲜明的精神标识,已融入北疆各族人民的血脉,成为他们团结奋斗、开拓进取的重要精神源泉,也成为新时代全面建设社会主义现代化国家和实现中华民族伟大复兴的强大精神动力。

内蒙古横跨三北，荒漠化防治战线长、任务重，在防沙治沙过程中，必须深刻领会"三北精神"的丰富时代内涵，充分认识"三北精神"的宝贵时代价值，大力弘扬"三北精神"，保持加强生态文明建设的战略定力，以更大的决心、更为艰巨的努力，把祖国北疆这道万里绿色屏障构筑得更加牢固。

翻开内蒙古防沙治沙历史，在驰而不息的实践过程中，内蒙古一代代治沙人为筑牢我国北方重要生态安全屏障接续奋斗，创造了人进沙退的奇迹，筑起了绿色长城，涌现出殷玉珍、苏和、董鸿儒等先进典型。如今在内蒙古，被喻为"死亡之海"的库布其沙漠已成为全球荒漠化防治的典范；一度严重沙化的科尔沁草原重披绿装；昔日"狂风一起，黄沙漫天"的多伦县已成为京津冀地区避暑胜地……这些成就的取得离不开"三北精神"的感召和鼓舞，体现了北疆人民不畏艰辛、战天斗地的坚强意志。

本书通过进一步挖掘和阐释"三北精神"的丰富内涵和时代价值，教育引导广大党员干部群众大力弘扬"三北精神"，努力创造新时代中国防沙治沙新奇迹，把祖国北疆这道万里绿色屏障构筑得更加牢固，在建设美丽中国上取得更大成就。

第一章 绿色长城——"三北"工程

一、党的坚强领导 ································· 2

二、"三北"工程的组织实施 ······················· 10

三、内蒙古"三北"工程建设取得的巨大成就 ········ 13

　（一）分类施策，部署十二大关键战役 ············ 15

　（二）有序行动，创新探索多项机制 ·············· 16

　（三）科技驱动，坚持科学防沙治沙 ·············· 17

第二章 金色灯塔——"三北精神"

一、"三北精神"的锤炼铸造 ······················· 20

二、"三北精神"的核心内涵 ······ 24

 （一）艰苦奋斗精神 ······ 25

 （二）无私奉献精神 ······ 26

 （三）锲而不舍精神 ······ 27

 （四）久久为功精神 ······ 28

三、"三北精神"的鲜明特质 ······ 29

 （一）理想性与现实性的统一 ······ 29

 （二）党性与人民性的统一 ······ 30

 （三）客观规律性与主观能动性的统一 ······ 31

 （四）民族性与世界性的统一 ······ 31

四、"三北精神"的磅礴伟力 ······ 32

五、大力弘扬蒙古马精神和"三北精神"，凝聚起推动内蒙古高质量发展的强大合力 ······ 34

第三章　"三北精神"的践行

一、绿色发展典型 ······ 40

 （一）塞罕坝机械林场 ······ 41

 （二）库布其治沙模式 ······ 45

（三）磴口模式 ··· 52

二、造林治沙英雄、"时代楷模" ······················· 57

（一）王有德 ··· 57

（二）石光银 ··· 60

（三）牛玉琴 ··· 63

（四）八步沙"六老汉" ··································· 64

（五）殷玉珍 ··· 67

（六）董鸿儒 ··· 69

（七）苏和 ·· 71

第四章 发扬"三北精神" 奏响时代凯歌

一、凝心聚力，完成好五大任务 ···························· 76

二、众志成城，全方位建设模范自治区 ··················· 82

三、慷慨激昂，闯新路、进中游 ···························· 84

四、坚韧不拔，降服"拦路虎" ···························· 86

五、锲而不舍，推进"六个工程" ························· 90

六、久久为功，推进全面从严治党 ························ 94

（一）一以贯之，坚决做到"两个维护" ··············· 95

（二）持之以恒，推动全面从严治党向纵深发展 …………………… 97
（三）久久为功，推进党风廉政建设和反腐败斗争 …………………… 99

参考文献 …………………………………………………………… 103
后记 ………………………………………………………………… 111

第一章

绿色长城——「三北」工程

中华人民共和国成立以来，历代中央领导集体立足社会主义初级阶段基本国情，在领导中国人民摆脱贫穷、发展经济、建设现代化的历史进程中，深刻把握人类社会发展规律，持续关注人与自然关系，高度重视生态环境保护工作，始终把环境保护和生态文明建设作为一种执政理念和实践形态，贯穿于中国共产党带领全国各族人民实现"两个一百年"奋斗目标过程中，贯穿于实现中华民族伟大复兴的中国梦的历史愿景中。

一、党的坚强领导

林业建设是我国社会主义建设的重要组成部分。1956年1月23日，中共中央政治局提出《1956年到1967年全国农业发展纲要（草案）》，要求"从1956年起，在12年内，在自然条件许可和人力可能经营的范围内，绿化荒地荒山，在一切宅旁、村旁、路旁、水旁，只要是可能的，都要有计划地种起树来"。3月，毛泽东同志发出了"绿化祖国"的伟大号召。邓小平同志把毛泽东同志"绿化祖国"的伟大号召丰富和拓展为"植树造林，绿化祖国，造福后代"的新举措、新目标和新使命，首次就一项事业提出了"坚持二十年，坚持一百年，坚持一千年，要一代一代永远干下去"的要求。

1978年11月，在邓小平同志的推动下，国家启动实施"三北"防护林体系建设工程（简称"三北"工程）。1979年2月，第五届全国人大常委会第六次会议原则通过了《中华人民共和国森林法（试行）》，将每年的3月12日确定为我国的植树节。1981年12月，第五届全国人大第四次会议审议通过《关于开展全民义务植树运动的决议》，确定植树造林、绿化祖国是我国每一位适龄公民应尽的法定义务。1997年，江泽民同志作出了"大抓植树造林，绿化荒漠……再造一个山川秀美的西北地区"的重要批示。1998年，党中央、国务院批准实施的《全国生态环境建设规划》将再造秀美山川列为21世纪我国现代化建设的重大战略任务。此后，国家陆续启动实施了六大林业重点工程，即天然林保护工程、退耕还林还草工程、京津风沙源治理工程、"三北"和长江中下游地区等重点防护林体系建设工程、野生动植物保护及自然保护区建设工程和重点地区以速生丰产用材林为主的林业产业建设工程。党的十六大以来，胡锦涛同志明确提出了构建祖国北方绿色生态屏障的战略构想；党中央、国务院确立了以生态建设为主的林业发展战略，作出了《关于加快林业发展的决定》；首次召开了中央林业工作会议，明确了林业在贯彻可持续发展战略中的重要地位、在生态建设中的首要地位、在西部大开发中的基础地位、在应对气候变化中的特殊地位，全面推进集体林权制度改革,建立了森林生态效益补偿制度,开展了造林补贴、林木良种补贴、森林抚育补贴和森林保险保费补贴等试点工作。

党的十八大以来,以习近平同志为核心的党中央把生态文明建设摆在全局工作的突出位置,大力推进生态文明理论创新、实践创新、制度创新,不断深化对生态文明建设规律的认识,形成了习近平生态文明思想,为新时代新征程建设人与自然和谐共生的现代化提供了根本遵循。

习近平生态文明思想坚持马克思主义世界观和方法论,坚持以人民为中心,在把握生态文明建设规律的基础上深刻

内蒙古横跨三北,森林资源富集,在给我国北方地区披上风沙"防护服"的同时,还为全国人民打造了超级"碳库"和纯净"氧吧"。图为呼伦贝尔市大兴安岭林区

回答了为什么要建设生态文明、建设什么样的生态文明以及怎样建设生态文明等一系列重大理论和实践问题，是习近平新时代中国特色社会主义思想的重要组成部分。

"十个坚持"是习近平生态文明思想的理论结晶，是指引新时代生态文明建设不断取得新成就的定盘星和指南针。

"坚持党对生态文明建设的全面领导"明确了新时代生态文明建设的根本保证。党的十八大以来，党从思想、法律、体制、组织、作风上全方位、全地域、全过程加强生态环境保护，推动生态文明建设从理论到实践都发生了历史性、转折性、全局性变化。我们必须心怀"国之大者"，坚决担负起加强生态文明建设这一政治责任。

"坚持生态兴则文明兴"明确了新时代生态文明建设的历史依据。习近平总书记指出："生态环境是人类生存和发展的根基，生态环境变化直接影响文明兴衰演替。"奔腾不息的长江、黄河是中华民族的摇篮，哺育了灿烂的中华文明；而生态环境的退化，特别是严重的土地荒漠化导致古埃及、古巴比伦文明的衰落。我们要充分认识到生态和文明休戚与共、环境和健康息息相关，努力把人类活动限制在生态环境能够承受的范围内。

"坚持人与自然和谐共生"明确了新时代生态文明建设的基本原则。习近平总书记强调："中国式现代化是人与自然和谐共生的现代化。"我们不能再走西方发达资本主义国家先污染后治理、将污染转移转嫁的畸形发展道路，必须探索符合中国国情的生态文明建设新路。我们要把生态文明建设摆在突出位置，尊重自然、顺应自然、保护自然，形成节约资源和保护环境的空间格局、产业结构、生产方式、生活方式，建设人与自然和谐共生的现代化。

"坚持绿水青山就是金山银山"明确了新时代生态文明建设的核心理念。2005年8月15日，时任浙江省委书记的习近平同志创造性提出"绿水青山就是金山银山"的重要论断，深刻揭示了生态环境保护和经济发展之间的密切关系。我们要坚持生态效益和经济效益相统一，积极探索生态产品价值实现的路径和模式，持续壮大绿色经济。

"坚持良好生态环境是最普惠的民生福祉"明确了新时代生态文明建设的宗旨要求。习近平总书记指出："环境就是民生，青山就是美丽，蓝天也是幸福。"我们要坚持以人民为中心的发展思想，及时解决生态环境突出问题，不断增强人民群众对优美生态环境的获得感。

"坚持绿色发展是发展观的深刻革命"明确了新时代生态文明建设的战略路径。习近平总书记强调："推动形成绿色发展方式和生活方式，是发展观的一场深刻革命。"绿色发展是对生产方式、生活方式和思维方式、价值观念的全方位、革命性变革，能够使资源、生产、消费等要素相匹配相适应。我们要坚定不移地走生态优先、绿色发展之路，进而实现更高质量、更有效率、更加公平、更可持续、更为安全的发展。

"坚持统筹山水林田湖草沙系统治理"明确了新时代生态文明建设的系统观念。习近平总书记强调，"人的命脉在田，田的命脉在水，水的命脉在山，山的命脉在土，土的命脉在林和草，这个生命共同体是人类生存发展的物质基础"，要"把保持山水生态的原真性和完整性作为一项重要工作"。我们要正确把握生态系统和生态要素之间的关系，通过实施生态系统保护和修复重大工程、推进自然保护地体系建设、加强生物多样性保护监管，持续提升生态系统的多样性、稳定性、持续性。

"坚持用最严格制度最严密法治保护生态环境"明确了新时代生态文明建设的制度保障。习近平总书记强调："保护生态环境必须依靠制度、依靠法治。"当前，我国生态环境保护中存在的突出问题大多同体制不健全、制度不严格、法治不严密、执行不到位、惩处不得力有关。我们要构建产权清晰、多元参与、激励约束并重、系统完整的生态文明制度体系，密织法律之网、强化法治之力，严格用制度管权治吏、护蓝增绿，确保党中央关于生态文明建设的决策部署落地生根见效。

"坚持把建设美丽中国转化为全体人民自觉行动"明确了新时代生态文明建设的社会力量。习近平总书记强调:"每个人都是生态环境的保护者、建设者、受益者,没有哪个人是旁观者、局外人、批评家,谁也不能只说不做、置身事外。"我们要大力弘扬生态文明主流价值观,加强生态文明宣传教育,营造人人、事事、时时、处处崇尚生态文明的良好社会氛围,增强全社会加强生态文明建设的内生动力。

"坚持共谋全球生态文明建设之路"明确了新时代生态文明建设的全球倡议。习近平总书记强调:"生态文明是人类文明发展的历史趋势。"生态文明建设关乎人类未来,建设绿色家园是人类的共同梦想。我们要秉持人类命运共同体理念,积极参与全球环境治理,合力保护生物多样性,推动绿色"一带一路"建设,为全球可持续发展贡献中国智慧、中国方案、中国力量。

在习近平生态文明思想的指导下,通过全方位、全地域、全过程加强生态环境保护,新时代我国生态文明建设实现了由重点整治到系统治理、由被动应对到主动作为、由全球环境治理参与者到引领者、由实践探索到科学理论指导的四个重大转变。

"三北"工程作为我国生态文明建设的一面旗帜,开我国大规模开展林业生态建设之先河,对于筑牢祖国北疆生态安全屏障、统筹推进山水林田湖草沙一体化保护和系统治理具有重要意义。

2023年6月5日至6日,习近平总书记在内蒙古巴彦淖尔市考察并主持召开加强荒漠化综合防治和推进"三北"等重点生态工程建设座谈会时指出,加强荒漠化综合防治,深入推进"三北"等重点生态工程建设,事关我国生态安全、事关强国建设、事关中华民族永续发展,是一项功在当代、利在千秋的崇高事业。他强调,2021—2030年是"三北"工程六期工程建设期,是巩固拓展防沙治沙成果的关键期,是推动"三北"工程高质量发展的攻坚期。要完整、准确、全

2023年8月,黄河"几字弯"攻坚战全面打响。内蒙古锲而不舍、持续发力,把祖国北疆这道万里绿色屏障构筑得更加牢固

面贯彻新发展理念，坚持山水林田湖草沙一体化保护和系统治理，以防沙治沙为主攻方向，以筑牢北方生态安全屏障为根本目标，因地制宜、因害设防、分类施策，加强统筹协调，突出重点治理，调动各方面积极性，力争用10年左右时间，打一场"三北"工程攻坚战，把"三北"工程建设成为功能完备、牢不可破的北疆绿色长城、生态安全屏障。

二、"三北"工程的组织实施

"三北"工程是在我国三北（西北、华北和东北）地区建设的大型人工林业生态工程，覆盖我国95%以上的风沙危害区和40%以上的水土流失区，是我国生态文明建设的重要标志性工程，享有"绿色长城"之美誉。

1978年8月，原农林部向国务院上报了《关于风沙危害和黄河中游水土流失重点地区防护林建设规划的报告》。11月25日，国务院批准了《关于在"三北"风沙危害和水土流失重点地区建设大型防护林的规划》（简称《规划》）。《规划》明确指出："我国西北、华北及东北西部，风沙危害和水土流失十分严重，木料、燃料、肥料、饲料俱缺，农业生产低而不稳。大力造林种草，特别是有计划地营造带、片、网相结合的防护林体系，是改变这一地区农牧业生产条件的一项重大战略措施。"至此,"三北"工程正式启动实施。

"三北"工程建设范围非常广大,东起黑龙江宾县,西到新疆乌孜别里山口,东西长4480公里,南北宽560~1460公里,包括陕西、甘肃、宁夏、青海、新疆、山西、河北、北京、天津、内蒙古、辽宁、吉林、黑龙江13个省(区、市)的551个县(旗、市、区)。工程建设总面积406.9万平方公里,占我国国土面积的42.4%。工程规划自1978年起至2050年止,分三个阶段、八期工程进行建设。1978—2000年为第一阶段,分三期工程:1978—1985年为一期工程,1986—1995年为二期工程,1996—2000年为三期工程。2001—2020年为第二阶段,分两期工程:2001—2010年为四期工程,2011—2020年为五期工程。2021—2050年为第三阶段,分三期工程:2021—2030年为六期工程,2031—2040年为七期工程,2041—2050年为八期工程。

新时代为"三北"工程规划的蓝图是力争实现三个阶段性的发展目标:到2020年,三北地区森林覆盖率提升到14%左右;到2035年,提前15年完成"三北"工程总体规划建设任务,三北地区森林覆盖率提高到15%以上;到2050年,全面建成完备的四大区域防护林体系和北方生态安全屏障体系。

1978—2023年,"三北"工程以生态保护修复为核心,以植树造林为重点，实现了从"沙进人退"到"绿进沙退"的历史性转变，取得巨大生态、经济和社会效益。特别是党的十八大以来，工程建设坚持分类指导、分区施策、重点突出、规模推进的原则，实现了工程建设数量和质量并重、造林和经营并举、人工措施和自然修复相结合的创新发展。45 年来，工程累计完成造林保存面积 4.8 亿亩，治理退化草原 12.8 亿亩，工程区森林覆盖率从 5.05% 提高到 13.84%，在祖国北疆筑起一道抵御风沙、保持水土、护农促牧的万里"绿色长城"。

风沙危害得到基本遏制。工程因地制宜采取造林种草、封育飞播、封禁保护等措施，累计治理沙化土地面积 5 亿亩，工程区超 45% 可治理沙化土地得到初步治理，重点治理的毛乌素、浑善达克、呼伦贝尔、科尔沁四大沙地的生态状况得到整体改善。

水土流失得到有效控制。实施生物措施与工程措施相结合的治理模式，按山系、分流域规模推进、综合治理，累计治理水土流失面积 6.7 亿亩，工程区 61% 的水土流失面积得到有效控制，重点治理的黄土高原林草植被覆盖度超 59%，蓄水保土能力显著增强。

农田牧场得到有效庇护。坚持多林种、多树种，乔灌草、带片网结合，人工干预和封禁保护结合，在华北、东北等粮食主产区营造农田防护林网（带），有效庇护农田 4.5 亿亩，为促进粮食稳产高产和畜牧业发展发挥了重要的生态屏障作用。

绿色惠民富民成效卓著。坚持生态治理与改善民生协同推进，在黄土高原、燕山山地、新疆绿洲等地建成一批各具特色的林果产业基地，工程区经济林干鲜果品年产量从不足200万吨提高到4800万吨，1500多万人依靠特色林果业实现稳定脱贫，一些重点地区涉林收入占到农民收入的50%以上。部分沙区转变发展思路，变沙为宝，大力发展中药材、优质牧草等沙产业，蹚出了一条治沙又致富的双赢路。

铸就了"三北精神"。近半个世纪以来，三北地区广大干部职工和人民群众坚持不懈防沙治沙，一年接着一年干、一代接着一代干，铸就了艰苦奋斗、无私奉献、锲而不舍、久久为功的"三北精神"，涌现出王有德、石光银、牛玉琴、八步沙"六老汉"等一批造林治沙英雄、"时代楷模"，培育了河北塞罕坝林场、山西右玉、陕西延安、新疆柯柯牙等一批绿色治理典型。"三北精神"已成为新时代推动实现人与自然和谐共生、建设美丽中国的强大精神动力。

三、内蒙古"三北"工程建设取得的巨大成就

内蒙古地处祖国北疆，横跨三北，既是我国北方面积最大、

种类最全的生态功能区，也是荒漠化和沙化土地最为集中、危害最为严重的省区之一。可以说，内蒙古生态状况如何，不仅关系全区各族群众生存和发展，而且关系华北、东北、西北乃至全国的生态安全。

"三北"工程启动实施以来，内蒙古累计投入56亿元实施了五期工程，完成建设任务1.19亿亩，在"三北"工程涉及的13个省（区、市）中居首位。

党的十八大以来，内蒙古累计完成营造林1.31亿亩、种草3.18亿亩、防沙治沙1.38亿亩，规模均居全国第一，森林覆盖率和草原综合植被盖度实现"双提高"，荒漠化和沙化土地面积实现"双减少"。内蒙古8个地区被命名为"绿水青山就是金山银山"实践创新基地，5个城市被评为国家森林城市。呼伦贝尔有目前全国规模最大、最为完整的生态系统。"中国绿肺"大兴安岭林区是我国集中连片面积最大、保存最好的重点国有林区之一。库布其沙漠治理模式作为中国防沙治沙的成功实践，被写入190多个国家代表共同起草的《鄂尔多斯宣言》。2021年，在联合国《生物多样性公约》第十五次缔约方大会上，锡林郭勒退化草原修复项目是唯一一个中国向世界推荐的草原生态修复典型案例。

2023年6月6日，习近平总书记在巴彦淖尔市主持召开加强荒漠化综合防治和推进"三北"等重点生态工程建设座谈会并发表重要讲话，系统总结我国荒漠化防治取得的历史性成就，科学分析防沙治沙工作的长期性、艰巨性、反复性和不确定性，发出"努力创造新时代中国防沙治沙新奇迹，把祖国北疆这道万里绿色屏障构筑得更加牢固"的时代号召，为打好"三北"工程攻坚战指明了前进方向、作出了系统部署、提供了根本遵循。

内蒙古深入贯彻落实习近平总书记的重要指示，自觉打主攻、当主力，提交了一份日均造林1.7万亩、种草8.8万亩、防沙治沙4.3万亩的"高分答卷"。

（一）分类施策，部署十二大关键战役

内蒙古坚持分类施策，在"三北"工程三大标志性战役片区对十二大关键战役作出安排部署，规划到2030年完成沙化土地综合治理任务占全国总任务一半左右的目标。

在黄河"几字弯"攻坚战片区，以防风固沙、减少黄河输沙量为主攻方向，部署黄河安全保卫战、贺兰山生态廊道护卫战、控沙斩源攻坚战、"塞外明珠"保卫战四大战役。

在科尔沁和浑善达克沙地歼灭战片区，以阻断沙尘入京和防治风沙危害为主攻方向，部署首都沙源歼灭战、沙源分割包围战、增绿提质护卫战三大战役。

在河西走廊—塔克拉玛干沙漠边缘阻击战片区，以建设

巴丹吉林和腾格里沙漠锁边林草带、阻止沙漠东侵南移为主攻方向,部署阻沙汇合阻击战、河西走廊绿洲保卫战、阻沙进城阵地战、阻沙护路攻坚战、军事基地护卫战五大战役。

(二)有序行动,创新探索多项机制

自治区政府相继召开4场三大标志性战役现场推进会,动员指导各地抢抓有利时机,抓紧开工建设。2023年,全年完成造林556万亩、种草1817万亩、防沙治沙950万亩,分别为年度计划的149%、140%、151%;新建扩建义务植树基地124个,义务植树3519万株,参与绿化美化的乡镇苏木370个、嘎查村700个;完成浑善达克规模化林场建设近28万亩,累计达204万亩。

探索建立以国家投入为主、地方配套为辅,企业广泛参与的多元化投入机制。推动各盟市设立专项资金,积极动员央企、国企、本地企业参与防沙治沙,开展公益性治沙活动,多渠道解决"钱从哪儿来"的问题。

探索推广以工代赈、先建后补、以奖代补等方式,引导更多农牧民直接参与防沙治沙。建立央企与地方常态化协同工作机制,在浑善达克—科尔沁沙地南缘与三峡集团、中林集团共同建设防沙治沙综合示范区,争取再造一个"塞罕坝"。

加强区域联防联治，与甘肃、陕西、宁夏等地签订合作框架协议，构建协同治沙、管沙、用沙的工作格局。

（三）科技驱动，坚持科学防沙治沙

长期以来，内蒙古积极探索并走出了一条以科技为支撑、产业为灵魂、政策为推手、典型为引领的独具特色的防沙治沙新路子。

内蒙古不断强化科技支撑，实施科技"突围"工程，安排1亿元财政资金，启动"三北"工程科技创新重大示范项目，通过"揭榜挂帅"开展防沙治沙关键技术攻关，并在三大标志性战役片区建设一批科技创新示范区。积极推动"三北"工程研究院在内蒙古设立，与中国林业科学研究院携手打造磴口防沙治沙示范区、新华示范林场等8个"三北"工程科技高地。实施种苗振兴三年行动，建成草种繁育、林木育苗基地66.5万亩，为打好"三北"工程攻坚战提供苗木支撑。

内蒙古全面总结梳理各地防沙治沙典型模式，创新治理模式。大力推广"库布其模式""磴口模式"，鼓励各地对光伏治沙、以路治沙、低覆盖度治沙等已有和新创成功模式进行总结推广运用。引导各地进一步挖掘行之有效的"微创新"和"土办法"，实现生态效益、经济效益和社会效益的有机统一和并行多赢。

积极探索以科技为支撑的新路子,实现多种效益并行模式。图为巴彦淖尔市磴口县沙漠循环水养殖项目示范基地

防沙治沙,驰而不息,久久为功。打好打赢"三北"工程三大标志性战役,内蒙古一直在路上。

第二章 金色灯塔——『三北精神』

"三北精神"是在中国共产党的正确领导下,从"三北"工程具体实践中锤炼而来的,是在推进生态文明建设的实践中铸就的伟大精神,是实现人与自然和谐共生、建设美丽中国的强大精神动力。

2023年6月,在加强荒漠化综合防治和推进"三北"等重点生态工程建设座谈会上,习近平总书记要求我们弘扬"艰苦奋斗、无私奉献、锲而不舍、久久为功"的"三北精神",打好"三北"工程攻坚战,努力创造新时代中国防沙治沙新奇迹。

1978年,我国启动实施了"三北"工程,这是彼时为了减少我国北方风沙危害和水土流失而采取的关键举措。40多年来,"三北"工程建设者披星戴月、战天斗地,如同魔术师一般,让三北大地由黄到绿、由绿生金。三北大地逐绿而行,离不开治沙人"艰苦奋斗、无私奉献、锲而不舍、久久为功"的精神支撑。这16个字浓缩了可歌可泣、感天动地的"三北精神",是我们取之不尽、用之不竭的精神财富。

一、"三北精神"的锤炼铸造

习近平总书记指出:"像'三北'防护林体系建设这样的重大生态工程,只有在中国共产党领导下才能干成。"从"三北"工程具体实践中锤炼而来的"三北精神"不仅彰显了中国共产党对生态文明建设的坚强领导,而且突显了中国共产党发动群众、依靠群众的优良作风。"三北"工程覆盖范围之广、时间跨度之长、建设任务之艰,举世罕见,如果没有一个强有力的领导者,没有广泛的群众基础,工程建设很难推行下去。

三北地区分布着我国的八大沙漠、四大沙地和广袤的戈壁。这一地区风蚀沙埋、水土流失严重,沙尘暴频繁发生。20世纪60—70年代末的近20年间,有667万公顷土地沙漠化;有1300多万公顷农田遭受风沙危害,粮食产量低而不稳;有1000多万公顷草场由于沙化、盐渍化而严重退化;有数以百计的水库变成"沙库"。建设"三北"工程是改善生态环境、减少自然灾害、维护生存空间的战略需要。

1978年11月,在邓小平同志的关怀下,党中央和国务院高瞻远瞩,站在实现中华民族永续发展的战略高度,毅然决定实施工期长达73年、建设面积占我国陆地总面积42.4%的"三北"工程。

40多年来,历代党和国家领导人始终关心和关注"三北"工程,作出一系列重要指示和重大决策部署。特别是党的十八大以来,习近平总书记对"三北"工程建设高度重视,多次深入"三北"工程区实地考察,多次作出重要指示批示。

2016年，习近平总书记在青海考察时强调，要"加强退牧还草、退耕还林还草、三北防护林建设，加强节能减排和环境综合治理，确保'一江清水向东流'"。2018年，习近平总书记参加十三届全国人大一次会议内蒙古代表团审议时指出："要加强生态环境保护建设，统筹山水林田湖草治理，精心组织实施京津风沙源治理、'三北'防护林建设、天然林保护、退耕还林、退牧还草、水土保持等重点工程。"同年，在"三北"工程建设40周年总结表彰大会上，习近平总书记作出重要指示："当前，三北地区生态依然脆弱。继续推进三北工程建设不仅有利于区域可持续发展，也有利于中华民族永续发展。要坚持久久为功，创新体制机制，完善政策措施，持续不懈推进三北工程建设，不断提升林草资源总量和质量，持续改善三北地区生态环境，巩固和发展祖国北疆绿色生态屏障，为建设美丽中国作出新的更大的贡献。"2019年8月，在甘肃古浪县八步沙林场考察时，习近平总书记拿起一把开沟犁，同林场职工一起干活，并对他们说："要弘扬'六老汉'困难面前不低头、敢把沙漠变绿洲的奋斗精神。"2021年8月，在河北承德的塞罕坝机械林场考察时，习近平总书记同林场三代职工代表亲切交流，勉励大家传承好塞罕坝精神。2023年6月，在内蒙古巴彦淖尔市临河区国营新华林场考察时，习近平总书记走进正在治理的沙地，感慨地说："三北地区生态非常脆弱，防沙治沙是一个长期的历史任务，我们必须持续抓好这项工作，对得起我们的祖先和后代。"习近平总书记的亲切关怀、殷殷嘱托，给全党全社会上了一堂又一堂生动的生态文明教育课，也为开展林草工作和深入推进"三北"工程建设指明了前进方向。

内蒙古巴彦淖尔市临河区国营新华林场于1960年成立，一代代林场职工接力奋斗，累计造林3.9万亩。图为满眼苍翠的国营新华林场

"三北"工程启动以来，三北地区各级党委、政府全面贯彻落实党中央、国务院决策部署，始终把"三北"工程作为地方重要的"生态工程""富民工程"，带领各族干部群众持续奋斗。三北地区广大干部群众积极响应、热烈拥护，发扬不畏艰难、艰苦奋斗的精神，投工投劳、承包造林，为工程建设作出了巨大贡献。1978—2022年，在"三北"工程建设中，群众累计投入50亿个工日以上，无偿投工投劳折合491亿元，占"三北"工程总投资的近一半。各行各业积极参与工程建设，提供资金和政策支持。当地驻军和武警官兵在开展营区绿化的同时，也积极参与和支持地方防护林建设。

"三北"工程真正体现了中国特色社会主义制度下全党动员、全民动手、全社会参与，各行各业、各部门协同共建，集中力量办大事的政治优势。世界上没有任何一个国家能像这样动员和组织如此广泛的公民和社会力量参与如此浩大的生态工程建设。

二、"三北精神"的核心内涵

伟大人民铸就伟大精神，伟大精神成就伟大事业。近半个世纪里，一批批"三北"工程建设者前赴后继，一代代三北人薪火相传，创造了人类生态文明建设史上的奇迹，铸就了以"艰苦奋斗、无私奉献、锲而不舍、久久为功"为核心的"三北精神"。

（一）艰苦奋斗精神

习近平总书记指出："我们党在革命、建设、改革各个历史时期都遇到了种种艰难险阻，我们的事业成功都是经过艰辛探索、艰苦奋斗取得的。"我们党之所以历经百年而风华正茂、饱经磨难而生生不息，就是凭着那么一种革命加拼命的强大精神——艰苦奋斗精神。经过百年磨砺，艰苦奋斗精神已经熔铸于党的基因血脉之中，成为党的政治本色和优良传统。

艰苦奋斗集中表现为不畏艰难、奋发图强、艰苦创业、争取胜利的思想品格、斗争精神、工作作风和生活态度。无论遇到何种艰难困苦、风险挑战，只要不畏惧、不退缩、不消沉，以永不懈怠的精神状态和一往无前的奋斗姿态攻坚克难，一步步变被动为主动、变不利为有利，就能杀出血路，打开新局面。

"三北"工程是一项极具里程碑意义的伟大工程。40多年来，三北地区人民不等不靠、挺起脊梁、自强不息、顽强抗争，用心血和汗水浇灌荒漠，用智慧和力量播撒绿色，在祖国北疆筑起一道抵御风沙、保持水土、护农促牧的绿色长城，改善、拓展了中华民族的生存发展空间。

站在新的历史起点上,新一代"三北"工程建设者应大力传承和弘扬艰苦奋斗精神,拿出"不以事艰而不为,不以任重而畏缩"的锐气和勇气,激发"长风破浪会有时,直挂云帆济沧海"的豪情壮志,锚定目标、笃行不怠,让"绿进沙退"的新奇迹接续不绝。

(二)无私奉献精神

在中华民族的文明史上,燃烧自己点亮他人的楷模故事和精忠报国、毁家纾难、舍生忘死的感人事迹数不胜数。这种先人后己、甘为人梯的朴实精神,为国家和人民利益舍弃个人利益的高贵品质,牺牲小我、成就大我的奉献精神,业已衍化为中华民族的光荣传统和高尚气节,是中华民族革故鼎新、生生不息的重要精神特质。中国共产党100多年的历史就是一部为中国革命、建设、改革赤诚奉献的历史,鲜明体现了千千万万共产党人忠于党、忠于人民、无私奉献的优秀品质。

在"三北"工程建设的漫漫征程中,一代代不服输的三北治沙人,勇担历史使命,响应时代号召,站出来、冲上去,在平凡的岗位上以"无我"之境做克己奉公的践行者,在全面建设社会主义现代化国家的火热实践中绽放绚丽之花。他们年复一年、日复一日在荒漠上植树造林种草,用超乎想象的韧劲、狠劲和拼劲,在万里风沙线上筑起一道道护卫家园的绿色屏障,谱写出一曲曲气吞山河的英雄壮歌。

站在新的历史起点上,新一代"三北"工程建设者应继续将奉献精神作为最朴实的价值追求,心有大我、至诚报国,将吃苦在前、享乐在后,克己奉公、多作贡献的价值追求内化为识大体、讲奉献的自觉行为,以坚定的理想信念和不懈的奋斗姿态,打好"三北"工程攻坚战,奋力书写建功新时代的奉献故事。

(三)锲而不舍精神

党和人民的奋斗历史充分证明,不为一时胜利而自满,不因一时遇挫而退缩,无论顺境还是逆境,只要始终坚守崇高理想、坚定必胜信念,一代接着一代、一步一个脚印地干下去,宏伟目标就一定能实现。任何一项事业不是敲锣打鼓、轻轻松松就能做成的,其间必然充满艰辛与不易。阳光总在风雨后,回望走过的革命道路,我们更应坚信,唯有发扬锲而不舍、坚韧不拔的精神才能成就不凡的事业。

"事辍者无功,耕怠者无获。"在漫长的防沙治沙过程中,三北地区各族干部群众挺起脊梁、冲锋在前,一铲接着一铲挖、一茬接着一茬干,以"难必克"的坚定信念凝聚"业必兴"

的磅礴力量，创造了一个又一个防沙治沙新奇迹，让良好生态环境成为人民幸福生活的增长点、经济社会持续健康发展的支撑点。

站在新的历史起点上，新一代"三北"工程建设者应保持历史定力，接续奋斗，在弘扬"三北精神"中勘破"实干密码"，扬起实干风帆、燃起拼搏之志，以"金石可镂"的毅力、"绳锯木断"的韧劲，笃行实干、一往无前，全力打好"三北"工程攻坚战。

（四）久久为功精神

一切伟大成就都是接续奋斗的结果，一切伟大事业都需要在继往开来中不断推进。党和人民的事业薪火相传，必须有坚持不懈、久久为功的毅力和顽强不屈、勇往直前的勇气，必须有"功成不必在我"的博大胸怀和崇高境界，必须不忘初心、牢记使命，始终把为民造福作为最大的政绩，多做打基础、利长远的工作。

"不经一番寒彻骨，怎得梅花扑鼻香。"一代又一代"三北"工程建设者目标不改、初心不变，坚持"山河秀美、人民幸福"的理想信念，秉持"心忧天下、关爱百姓"的为民情怀，以"埋头播种绿、潜心等春来"的毅力，披荆斩棘、克服磨难，将不毛之地变成沃土良田。荒漠与绿洲的抗衡，是空间的交锋，更是精神的对垒。在防沙治沙这个世界级难题面前，三北人民"一茬接着一茬，前赴后继地干"，誓用白发换绿洲。

站在新的历史起点上，新一代"三北"工程建设者应坚定不移走符合自然规律、符合国情地情的中国特色防沙治沙道路，保持久久为功的战略定力，以滚石上山、不进则退的决心和干劲，继续涵养"越是艰难越向前"的拼搏精神，做新时代迎风而立的"劲草"、无惧烈火的"真金"，一以贯之推动"三北"工程高质量完成。

三、"三北精神"的鲜明特质

一百多年来，中国共产党领导人民浴血奋战、艰苦奋斗，自力更生、发愤图强，解放思想、锐意进取，自信自强、守正创新，创造了新民主主义革命、社会主义革命和建设、改革开放和社会主义现代化建设、新时代中国特色社会主义建设的伟大成就，构建了以伟大建党精神为源头的中国共产党人精神谱系。"三北精神"赓续了伟大建党精神的血脉，具有与中国共产党人精神谱系相一致的鲜明特质。

（一）理想性与现实性的统一

理想信念是中国共产党人的精神之"钙"，是中国共产党人精神谱系之"魂"。伟大建党精神的首要内容是坚持真理、坚守理想。理想照耀征途,从诞生之日起,我们党就把马克思主义镌刻在自己的旗帜上,确立了共产主义远大理想。理想不是悬在空中的,也不是虚幻的,而是有着扎扎实实的现实基础。马克思主义认为,理想信念是人的一种精神追求、精神状态,其实质是个体要超越生命的有限性,追求生命的不朽和永恒。马克思主义把这种不朽和永恒归结为历史进步和人类社会发展的无限性,归结为为人民的利益不断奋斗。中国共产党人的精神品格就是用现实的奋斗不断实现理想。"三北精神"即是如此,正是因为有坚如磐石的理想信念,三北地区人民才能在风沙面前毫不畏惧,在万里风沙线上筑起举世瞩目的绿色长城,谱写出人与自然和谐共生的动人篇章。

(二)党性与人民性的统一

伟大建党精神强调对党忠诚、不负人民,二者是有机统一的,这一要求在包括"三北精神"在内的中国共产党人精神谱系中得到充分展现。党领导人民在三北地区与风沙战斗之所以能够取得一个又一个胜利,根本原因就是中国共产党没有自己的特殊利益,也从来不为任何利益集团、任何权势团体、任何特权阶层谋利益,而是始终将人民的利益放在第一位，处处践行着全心全意为人民服务的根本宗旨。

（三）客观规律性与主观能动性的统一

中国共产党人精神谱系不是主观臆想的产物，而是基于对客观规律的把握、对客观历史的总结，是从实践中探索形成的。"三北精神"就是从"三北"工程建设的具体实践中提炼出来的，反映了三北地区人民的主观能动性。荒漠化是影响人类生存和发展的全球性重大生态问题，我国是世界上荒漠化最严重的国家之一。启动实施"三北"工程，是我们党站在实现中华民族永续发展的战略高度作出的重大决定。40多年来，在中国共产党的坚强领导下，"三北"工程建设者始终尊重自然规律，不断探索实践路径和有效方案，让我国荒漠化、沙化土地治理呈现出"整体好转、改善加速"的良好态势。在防沙治沙的过程中，三北地区人民积极发扬"三北精神"，是基于对客观规律的把握。

（四）民族性与世界性的统一

中华民族有着天下情怀，有着广阔的世界视野。自古以来，中华民族就以"天下大同""协和万邦"的宽广胸怀，自信而又大度地同其他国家交往交流。"三北"工程建设是我国深度参与全球环境治理、共谋全球生态文明建设的重要实践，为全球荒漠化防治等提供了可借鉴的中国方案。"三北"工程的伟大实践、重要成就和基本经验，已经成为我国以生态文明推动构建人类命运共同体的生动缩影，充分彰显了我国持续推动绿色发展和生态文明建设、与各国人民一道构建人类命运共同体的坚定决心和使命担当。

四、"三北精神"的磅礴伟力

内蒙古广大党员干部群众要勇担使命，大力弘扬"三北精神"，从中汲取奋进之力，在新征程上踔厉奋发、勇毅前行，努力创造新时代中国防沙治沙新奇迹，把祖国北疆这道万里绿色屏障构筑得更加牢固，在建设美丽中国上取得更大成就。

"三北精神"蕴含着"敢教日月换新天"的魄力。为了今天的这片绿色，一代代三北治沙人争做勇担使命的奉献者，他们应国家和人民之需，响应号召冲在前、勇担使命敢斗争，以"敢教日月换新天"的魄力、以敢为人先的姿态，发扬艰苦奋斗、无私奉献的精神品质，积极投入构筑祖国北疆万里绿色屏障的伟大实践中，锤炼出不畏强敌、不惧风险，敢于斗争、勇于胜利的风骨和品质。

"三北精神"蕴含着"一代接着一代干"的毅力。荒漠化治理不可能一蹴而就，是需要一代一代接着干、一步一步向前走的大工程。"三北"工程取得的辉煌成就凝结着几代治沙人的辛勤付出。在构筑祖国北疆万里绿色屏障的伟大实践中，一代代"三北"治沙人争做不畏艰辛的奋斗者，他们早已做好打持久战的心理准备，面对风沙大、干旱、植被栽不活等巨大困难，迎难而上、直面挑战，以坚韧不拔的意志和无私无畏的勇气，不断战胜前进道路上的一切艰难险阻。

"三北精神"蕴含着"不破楼兰终不还"的定力。伟大的事业之所以伟大，不单单因为这项事业是正义的、宏大的，还因为这项事业不是一帆风顺就能干成的。长期以来，一代代三北治沙人与风为伴、与沙为伍，不贪一时之功、不计一己之利，保持"咬定青山不放松"的韧劲、"不破楼兰终不还"的拼劲，以奋斗的姿态和不懈的努力，几十年如一日，写下一个个感人故事，创造一个个生态奇迹。

恒者行远，思者常新。2021—2030年是"三北"工程六期工程建设期，是巩固拓展防沙治沙成果的关键期，是推动"三北"工程高质量发展的攻坚期。新一代"三北"工程建设者必须坚决扛起防沙治沙政治责任，大力弘扬"三北精神"，以滚石上山、不进则退的决心和韧劲接续奋斗，在筑牢祖国北疆绿色生态安全屏障的进程中创造新的奇迹。

五、大力弘扬蒙古马精神和"三北精神",凝聚起推动内蒙古高质量发展的强大合力

2014年1月,习近平总书记考察内蒙古时提出了蒙古马精神,赋予这一精神以"吃苦耐劳、一往无前,不达目的绝不罢休"的时代内涵,并多次以蒙古马精神勉励内蒙古广大党员干部群众。

2023年6月,习近平总书记在内蒙古主持召开加强荒漠化综合防治和推进"三北"等重点生态工程建设座谈会并发表重要讲话,对三北地区广大干部群众在工程建设实践中锤炼的"三北精神"进行了凝练概括,要求发扬艰苦奋斗、无私奉献、锲而不舍、久久为功的"三北精神",把祖国北疆这道万里绿色屏障构筑得更加牢固。

"吃苦耐劳、一往无前,不达目的绝不罢休"的蒙古马精神是内蒙古各族人民在建设和守护祖国北疆的生产生活实践中铸就的精神品质,是新时代内蒙古各族人民守望相助、团结奋斗的强大精神力量,是支撑广大党员干部不忘初心、牢记使命,为推进内蒙古现代化建设奋发进取的力量源泉。

"艰苦奋斗、无私奉献、锲而不舍、久久为功"的"三北精神"是三北地区人民为了家园更美、生态更好、绿色更

多而躬身奋斗的生动体现。内蒙古横跨三北，是我国北方面积最大、种类最全的生态功能区，同时是全国荒漠化和沙化土地最为集中、危害最为严重的省区之一，因此，内蒙古是"三北"工程建设的主力，必须坚决扛起防沙治沙政治责任，体现内蒙古担当、展现内蒙古作为。40多年来，内蒙古各族人民胸怀"国之大者"，不负"民之所望"，风雨兼程、前赴后继，生动践行"三北精神"，为我国防沙治沙事业、生态文明建设作出了巨大贡献。

蒙古马精神和"三北精神"内在贯通，都根植于中华优秀传统文化的沃土中，形成于各族人民共同守卫祖国边疆、共同建设美丽家园、共同创造美好生活的追求和实践中，体现了各族人民吃苦耐劳、无私奉献、锲而不舍、开拓进取的可贵品质。

蒙古马是"跑"出来的，"三北"工程是"拼"出来的，亮丽内蒙古是"干"出来的。新征程上，内蒙古应大力弘扬蒙古马精神和"三北精神"，心无旁骛谋实事，雷厉风行抓落实，以更大力度和更实举措推动内蒙古各项事业破浪前行。

——以蒙古马精神和"三北精神"挺膺担当。自治区党委研究出台激励干部担当作为12条措施，制定进一步推进容错纠错工作8条意见，在全区范围内评选表彰"担当作为好干部"，对政治素质过硬、敢于担当作为、工作实绩突出的干部大力褒奖、大胆使用，同时对不干活、干活不到位的干部及时予以调整，在全区上下树立起重用实干者、担当者的鲜明导向。针对工作作风不实的问题，找准"三多三少三慢"（会议多、活动多、外出多，调研报告少、工作思路少、解决实际问题少，决策慢、行动慢、结果慢）三个病灶，开出"规范、精减、提速"三剂药方，努力消除作风建设中的顽疾和

陋习。一条条实打实的举措、一个个身边的典型让全区党员干部倍感振奋，一往无前干事创业的精气神被充分调动起来。

——以蒙古马精神和"三北精神"善作善成。内蒙古广大党员干部从习近平总书记重要讲话和重要指示批示精神中找定位、找任务，吃苦耐劳、艰苦奋斗，把各项工作往实里抓、往成了干。自治区党委书记带头示范，千里走边关、蹲点抓落实，引导广大党员干部特别是领导干部主动担当作为，真抓实干、务求实效，自觉做到"我开的会我贯彻，我作的批示我落实，我制定的政策我兑现，我做的调研我推动"，以上率下把工作做好。2022年8月15日至19日，自治区接连召开5场新闻发布会，宣布对待批项目、"半拉子"工程、

闲置土地、沉淀资金、开发区建设五个方面进行"大起底"，力求把各种闲置浪费、低质低效利用的资源要素全面盘活起来、高效利用起来，推动形成绿色低碳生产方式和生活方式。"五个大起底"行动直面问题、动真碰硬，使全区上下进一步增强"资源虽然富集但一点儿也不能浪费"的理念，各类资源节约集约利用水平明显提高。2023年，全区9326个待批项目应批尽批，消化批而未供和闲置土地累计超40万亩，完成首批22亿元土地增减挂钩结余指标跨省交易，"半拉子"工程盘活和开发区"大起底"工作基本完成。

——以蒙古马精神和"三北精神"攻坚克难。抓落实就要敢于破题、善于解题、勤于做题，锲而不舍、久久为功，不达目的绝不罢休。自治区党委以"有解思维"和"优解思维"着力解决事关全局和长远发展的重大问题，在自治区党委十一届七次全会上，提出实施好对全区经济发展和民生改善具有支撑性、牵引性、撬动性作用的"六个工程"，即政策落地工程、防沙治沙和风电光伏一体化工程、温暖工程、诚信建设工程、科技"突围"工程、自贸区创建工程。每个工程都是针对当前内蒙古发展中的痛点难点开出的药方。2024年，内蒙古新年第一会就是2月21日召开的全区招商引资暨诚信建设会议，对招商引资和诚信建设工作作了集中部署、统筹推进，为闯新路、进中游开了好局。

蒙古马精神和"三北精神"经过历史的沉淀与实践的锤炼，已融入内蒙古各族人民的血脉之中，已经成为新时代内蒙古人民的精神标识，为新时代新征程上奋力书写中国式现代化内蒙古新篇章注入精神力量。

当前，内蒙古闯新路、进中游，其时已至、其势已成。只要我们更加紧密地团结在以习近平同志为核心的党中央周围，坚持把铸牢中华民族共同体意识全面贯彻到各项工作中，凝心聚力办好两件大事，奋力书写中国式现代化内蒙古新篇章，总书记为内蒙古擘画的壮阔蓝图就一定会变成美好现实！模范自治区的金字招牌就一定会更加熠熠生辉！

第三章
「三北精神」的践行

"三北"工程是同我国改革开放一起实施的重大生态工程。"三北精神"是在中国共产党的正确领导下，从"三北"工程具体实践中锤炼出来的，是在推进生态文明建设的伟大实践中铸就的宝贵精神财富，为新时代生态文明建设注入了强大的精神动力。在漫长的荒漠化防治实践中，一代又一代治沙人积极投身建设绿色家园的伟大实践，谱写出一篇篇誓为山河披绿装的壮丽诗篇，创造了一个个感天动地的人间奇迹，培育了河北塞罕坝、库布其治沙模式、磴口模式等一大批绿色发展典型，涌现出一大批以王有德、石光银、牛玉琴等为代表的英模人物。

一、绿色发展典型

替山河妆成锦绣，把国土绘成丹青，沙海中铺展的绿，成为美丽中国最生动的底色。40多年来，三北地区人民创新探索了塞罕坝机械林场、库布其模式、磴口模式等一大批行之有效的治沙模式，在绘出美丽中国新画卷的同时，也为全球生态治理树立了中国形象，贡献了中国智慧，为国际社会解决生态问题作出了贡献。

（一）塞罕坝机械林场

从北京向北行驶 400 多公里，有一弯"深绿"像一只展开双翅的雄鹰，紧紧扼守着内蒙古浑善达克沙地南缘。它与河北承德、张家口等地的茂密森林连成一体，共同筑起一道绿色长城，成为华北地区的风沙屏障、水源卫士。这里，就是塞罕坝机械林场。

1962 年，来自全国 18 个省区市的 127 名大中专毕业生奔赴塞罕坝，与当地林场 242 名干部职工一起，组成一支平均年龄不足 24 岁的创业队伍，开始了战天斗地的拓荒之路。新一代塞罕坝人没有躺在前人的功劳簿上睡大觉，而是选择奉献青春、接续奋斗。他们永葆初心、勇担使命，大力弘扬"塞罕坝精神"和"三北精神"，牢记绿色发展使命，为绘就美丽中国新画卷作出新的卓越贡献。

种出世界上面积最大的人工林

20 世纪 50 年代的塞罕坝，草木不见，黄沙弥漫，风起沙涌。塞罕坝及其周边的浑善达克沙地因此成为京津地区主要的沙尘起源地和风沙通道。

自 1962 年建场以来，靠着三代人的努力，塞罕坝共植树近 5 亿棵，成为世界上面积最大的人工林。如果把这里的树按一米的株距排开，可以绕地球赤道 12 圈。

据了解，与建场初期相比，塞罕坝机械林场林地面积由24万亩增加到115.1万亩，林木蓄积量由33.6万立方米增加到1036.8万立方米，单位面积的林木蓄积量是全国人工林平均水平的2.76倍，森林覆盖率由11.4%提高到82%。

良好的生态环境和丰富的物种资源使塞罕坝成为天然的动植物物种基因库。经生物多样性调查统计，塞罕坝共有陆生野生脊椎动物261种、鱼类32种、昆虫660种、大型真菌179种、植物625种。

不仅如此，据中国林业科学研究院评估，塞罕坝每年可为滦河、辽河下游地区涵养水源、净化淡水2.84亿立方米；每年可减少土壤流失量513.55万吨；每年可固定二氧化碳86.03万吨，释放氧气59.84万吨。如今，塞罕坝的森林生态系统每年可提供超过100亿元的生态服务价值。

攻克技术难题

自然生态系统是一个有机生命躯体，有其自身发展演化的客观规律，具有自我调节、自我净化、自我恢复的能力。而塞罕坝机械林场建设的生动实践充分说明，对生态受损严重、依靠自身难以恢复的区域，要充分发挥人的主观能动性，采取科学适度的人工修复措施，为自然恢复创造条件和环境，进而加速恢复进程、提升恢复效能。

坡陡栽植施工难、少土保墒难、贫瘠成活难……开展攻坚造林，意味着塞罕坝人必须攻克一个又一个技术难题，应对一个又一个自然挑战。

育苗是造林的基础。建场初期，因缺乏在高寒、高海拔干旱瘠薄沙地造林的成功经验，1962年、1963年连续两年造林成活率仅为8%。经过反复研究，塞罕坝人认识到使用乡土苗木造林的重要性，摸索出高寒地区全光育苗技术，培育了优质壮苗，为全场开展大规模造林绿化奠定了坚实基础。

经过多年探索，塞罕坝总结出包括客土回填、覆膜保水、幼苗保墒、防寒越冬等在内的一整套攻坚造林技术规范，为国内其他地区开展人工林繁育提供了宝贵经验。

"虽然塞罕坝绿了，但森林生态存在着树种单一、结构简单、密度较高等问题，这使物种间的优胜劣汰难以实现，也对防虫、防火、防病害等造成不利影响。"林场场长于士涛说。近年来，林场通过引进白桦、稠李、柞树、水曲柳、五角枫等树种，花楸、蓝靛果、小檗等灌木，营造了针阔混交、色彩层次丰富的复层异龄混交林，逐步使林分达到近自然状态。

2023年，塞罕坝机械林场8000亩造林地将首次全部采用混交造林模式。到2040年，全场混交林面积预计新增24.4万亩，总面积达到49万亩，混交林占比超过40%。

用现代科技手段守护林场

从一开始采用拖拉机大规模造林,到如今引进"天空地"一体化信息技术精细化管理森林,新技术为塞罕坝机械林场的发展提供了重要支撑。

在塞罕坝机械林场的二次创业中,中国林业科学研究院关注科技在落叶松高效培育技术、遥感技术监测、森林湿地资源价值评估、林业有害生物技术防治等方面的应用,并通过信息化管理技术为塞罕坝森林资源的智慧化经营提供了有力支撑。

林场最怕的是火灾。林场森林防火指挥中心的大屏幕上排列着数十组监控画面,实时监测着全场情况。目前,塞罕坝机械林场建立的"天空地"一体化森林草原防火预警监测体系已经实现卫星、直升机、无人机、探火雷达、视频监控、高山瞭望、地面巡护的有机结合,构建了较为完整的防火护林体系。

为了防治生物病害,塞罕坝机械林场针对不同种类的有害生物,采用了飞机防治、物理防治、天敌防治、人工喷雾防治等方法。目前,塞罕坝已初步建立了物联网野外监测系统,充分利用现代科技手段,建立起人防、飞防、技防相结合的管控防治体系,极大提升了工作效率和防治效果。

塞罕坝机械林场先后荣获联合国环保领域最高荣誉"地

球卫士奖"和防治荒漠化领域最高荣誉"土地生命奖",成为全球环境治理的中国榜样。

（二）库布其治沙模式

库布其沙漠总面积 1.41 万平方公里,横跨内蒙古自治区鄂尔多斯市杭锦旗、达拉特旗、准格尔旗。30 多年前,这里植被覆盖度不足 3%,每年刮沙尘暴 50 多次,被称为"死亡之海"。如今,库布其沙漠有 6000 多平方公里披上"绿装",动植物由 100 多种增至 530 多种。

库布其沙漠生态环境明显改善、生态资源逐步恢复、沙区经济持续发展,形成独特的沙漠治理模式。2017 年,《联合国防治荒漠化公约》第十三次缔约方大会在鄂尔多斯市召开。库布其模式受到国际社会的认可,为全球荒漠化治理贡献了中国智慧。

库布其治沙模式：走向世界的"绿色名片"

在杭锦旗,驱车顺着穿沙公路行进,路边林木葱茏,草地、灌木、乔木错落有致。

"很难想象吧,就在几十年前,这里黄沙漫天、飞鸟难越。"杭锦旗林业和草原事业发展中心副主任赵云华说,"风吹起漫天沙尘,几米的距离都看不清人。常常是一夜之间,房子就被沙子围起来,门都推不开。"

"这里是我的家,可我却恨透了这个地方。别人的家有山有水,为什么我的家没有公路、没有水电,只有黄沙?"谈起过往,牧民敖特更花道出了在沙漠中生活的无限艰辛。

库布其沙漠绝大部分分布在杭锦旗境内。风沙肆虐、交通阻隔等严重制约当地经济社会发展。

为了生存,沙区人民开始尝试种树,与沙抗争。

1993年,杭锦旗人民在沙漠腹地进行造林种草试验,经过4年连续不断的治理,成功绿化荒沙坡8万亩。1997年,杭锦旗穿沙公路动工。通过大规模飞播造林封育,两年后,首条穿沙公路打通,全长115公里,成为当地的生态路、致富路、希望路。许多农牧民第一次走出沙漠,见到了城市。2000年以来,杭锦旗累计完成林业重点生态工程建设681.07万亩,完成森林抚育及修复144.93万亩。

"那时候种树,全家人一起干,大家暗暗地和库布其沙漠较着劲儿。"赵云华介绍,"进入21世纪,鄂尔多斯确立了建设'绿色大市'目标,出台了'三区'规划及禁休轮牧、生态治理奖补机制等政策措施。"

当地政府大力推行"掏钱买活树"的约束机制和以补代造、以奖代投等激励机制,引导企业和农牧民通过承包、入股、租赁以及投工投劳等方式参与防沙治沙,逐步构筑起支持库布其沙漠治理的政策体系。

在各级政府支持下，民营企业也开始参与治沙，成功探索出"灌木为主体、乔草为补充"的乔灌草生态治沙模式，并研发出治沙节水灌木拳头种子、风向数据和微创水汽法植树、数字化智能化植树和立体生态光伏治沙综合开发等核心技术体系。

库布其逐渐形成了政府政策性支持、企业产业化投资、农牧民市场化参与、技术持续化创新的"四轮驱动"的治沙模式。

如今，敖特更花成立了养殖合作社，开办了园林绿化工程有限公司，还和其他村民一起承包了亿利资源集团荒漠化治理输出项目，先后带领工友赴新疆、西藏等地从事绿化工作。"我想把库布其治沙的经验告诉其他生活在沙漠边缘的人，让更多生活在沙区的农牧民过上和我们一样的好日子。"敖特更花说。

在库布其，当地群众、政府和企业携手治沙，形成了可借鉴、可复制、可推广的防治荒漠化模式。2014年，库布其沙漠生态治理区被联合国环境规划署确立为"全球沙漠生态经济示范区"。

库布其治沙模式获得了国内和国际社会的广泛认可，为全球荒漠化治理贡献了中国智慧，为全球治沙提供了中国样本。

从"沙进人退"到"绿进沙退",库布其沙漠治理成效显著,被联合国环境规划署确定为全球沙漠"生态经济示范区"。图为库布其沙漠锁边林

产业治沙:"点沙成金"的致富密码

在达拉特旗光伏基地,几百万块集中连片的光伏板在浩瀚沙漠铺展开来,尽情地吸收着每一缕阳光——将太阳能转化为电能,通过国家电网输送到千家万户。

"这里是全国最大的沙漠集中式光伏发电基地。由19.6万块光伏板拼接成的'骏马图形电站'已通过吉尼斯世界纪录认证,成为世界上最大的光伏板图形电站。"达拉特旗能源局电力新能源办公室主任张兵说。

据张兵介绍，在拓展"光伏+生态治理+有机农林+沙漠旅游"模式的基础上，光伏基地二期项目补充提升了沙漠研学、智能科普、光伏田园、生态牧业等产业功能，实施生态修复2.1万亩，套种紫穗槐、红枣、甘草等经济作物1.9

积极推进风光氢储4个千亿级新能源产业集群建设，实现由"乌金"到"绿电"的转变。图为达拉特光伏发电应用基地

万亩，规划建设600亩生态景观区，建设牡丹园、玫瑰园等观赏植物园；同时，投资1.7亿元建设存栏2.5万头、占地1500亩的"牧光互补"高端肉牛标准化养殖项目，投产后预计带动周边约1100户农牧民增收和20万亩青贮牧草种植。

生态环境改善为当地农牧民发展个体经济提供了更多可能。

在准格尔旗布尔陶亥村，"80后"郝海娥与丈夫承包了110多亩荒山种植苹果、李子、大杏和海红树等经济林，并在果树下面养鸡5000多只，平均每天销售鸡蛋1000颗左右，年均出栏鸡5000只，年净收入30万元。

每年4月中旬，准格尔旗福路村杏花漫山遍野，十几万亩杏树让这里成了远近闻名的杏花村。福路村党支部书记段金华介绍，在带动全村旅游业发展的同时，村集体正探索用杏仁做传统杏茶。

在达拉特旗银肯塔拉综合试验示范区，原本寂静的沙漠现在驼铃声声。如今，这里年接待游客15万人次，年收入6000万元，实现了林草生态可持续循环发展。

依托库布其沙漠特有的自然风光和多年来的生态建设成果，鄂尔多斯建成了银肯塔拉、响沙湾、七星湖、恩格贝等多个生态旅游景区，形成了国内产品最全、覆盖客群最广的沙漠产业集群。

近年来，鄂尔多斯积极培育壮大林沙产业，持续推进木本粮油、果树经济林、灌木加工利用、林下经济、森林旅游、森林康养、种苗花卉等产业高质量发展。

库布其人民曾经祖祖辈辈为沙所困、因沙致贫，如今，这里因绿增收、兴绿而富，真正实现了生态改善、生产发展、生活富裕的多方共赢。

家庭林草场：农牧民尽享"生态红利"

鄂尔多斯积极探索实施家庭林场、家庭草场生态治理模式，构建以家庭为单位的多种发展经营模式。这项极具创新意义的荒漠化地区生态建设与保护的"细胞工程"，使得农牧民从过去的林地草原使用者变为建设者、保护者，变为生态治理项目的直接承包人，极大地提高了他们参与生态建设的积极性和主动性。

"鄂尔多斯在全市范围内选出有一定生产经营规模且林地草原权属清晰、在生态建设与保护中有一定贡献的家庭，命名为家庭林场、家庭草场，向他们发放拖拉机、割灌机、旋耕机等设备，帮助其发展壮大。"鄂尔多斯市林草局宣传办工作人员娜荷雅说。

达拉特旗农牧民雷爱强承包了2400多亩草场种植柠条。讲起种植经验，他侃侃而谈："柠条种下了，后期保育更重要，前两年完全不能放牧。我家草场新种柠条都会保育5~8年才开始放牧，这时柠条已长到1米多高，枝叶茂盛、根系发达，放牧和干旱也不影响其生长。"凭借优质柠条饲料，雷爱强养了400多只山羊，出栏量40%左右，每年可卖近200只，年收入20多万元。

周志忠家在达拉特旗官井村，2018年承包了7000多亩沙地种植沙柳。因种植的沙柳种苗成活率高、品质好，每年平茬后，种苗远销新疆、西藏等地。全村每年销往全国各地的种苗达50多万株。

周志忠说："我和村民承包家庭林场，不仅为防沙治沙做了贡献，还给大伙带来了可观的收入。"

就这样，鄂尔多斯家庭林草场承包打通了生态惠民的"最后一公里"，让农牧民尽享"生态红利"。

"目前，全市累计培育家庭林草场示范户505户，生态覆盖总面积200多万亩。"娜荷雅说。

库布其的绿色之变，其影响已超越治理成效本身。为了建设美丽家园，库布其人尊重自然、勇于创新、甘于奉献，唱响了新时代的绿色赞歌，书写了新征程上的绿色传奇。

（三）磴口模式

磴口县位于黄河"几字弯"顶端，境内有乌兰布和沙漠426万亩，占县域总面积的77%。

作为黄河流域重点生态圈的前沿阵地，磴口县最大的价值、最大的责任和最大的潜力都集中在生态建设上。

近年来，磴口县委、县政府立足内蒙古在全国发展中的战略定位和在"三北"工程建设中的重要地位，积极探索，不断创新，形成了新时代防沙治沙"磴口模式"。

久久为功，创造防沙治沙新奇迹

"三天不刮风，不叫三盛公。""一年一场风，从春刮到冬。"这是曾经流传于当地的俗语，也是新中国成立初期河套地区老百姓最真实的生活写照。

针对乌兰布和沙漠风沙肆虐、掩埋农田、侵蚀家园、沙逼人退的情况，从20世纪50年代开始，磴口县广大干部群众扛锹抢镐，战沙建绿，向荒漠化发起了"阻击战"。回望走过的70余载，磴口县历届县委、县政府积极响应国家号召，牢记共产党人的初心和使命，建成了闻名全国的308华里（154公里）防沙林带，实施了京津风沙源治理二期工程、乌梁素海流域山水林田湖草生态保护修复试点工程、内蒙古西部荒漠综合治理项目、"蚂蚁森林"公益造林项目等生态治理工程，在乌兰布和沙漠上写下了生态建设的华美篇章。如今，沙区林草覆盖度由过去的0.04%提高到37%以上，重度沙化土地减少78%，向黄河年输沙量降低94.7%，沙漠治理呈现出"整体好转、改善加速"的良好态势。

多点发力，探索防沙治沙有效路径

"磴口模式"是一种以科技力量为支撑的防沙治沙模式，构建起以自然保护地，农田防护林网、封沙育草区、防风阻沙区、光伏治沙区为主的"一地一网三区"五位一体综合治理体系。

1. 以自然保护地为基础，保护沙漠原生资源

磴口县委统筹布局建设哈腾套海国家级自然保护区、纳林湖国家湿地公园、奈伦湖国家湿地公园和沙金套海国家沙漠公园等自然保护地，总面积191.4万亩，稳住了治沙基本盘。

2. 以农田防护林网为核心，构筑绿色生态屏障

在乌兰布和沙漠东缘围绕农田建设防护林，围绕路网营造林网，防护面积157万亩，形成了"宽林带、大网格、低耗水"的新型农田防护林模式。

3. 以封沙育草区为前沿，控制流动沙丘前移

采取围栏封育和人工干扰的措施，治理沙漠21万亩，促进天然植被恢复。对于裸露沙丘，通过飞播和人工播种籽蒿、花棒、沙拐枣等方式，控制流沙的活动和前移。

4. 以防风阻沙区为关键，加强重点区域治理

采用"冷藏苗避风造林""冬贮苗造林""高压水打孔植苗造林""飞播造林""生物+沙障"等复合技术，选用梭梭、花棒、柽柳、柠条等优良抗逆植物，通过先固沙后造林、片带结合、多带配置等方法，构建防风阻沙林，治沙造林130万亩。

5. 以光伏治沙区为示范，推动实现绿富同兴

磴口县先后引进国电投、易事特、大唐、国龙、蒙能等企业，努力打造"光伏+生态"治理模式，实现生态治理和经济效益双赢。

现如今的磴口，春天百鸟成群，夏天绿树成荫，秋天瓜果飘香，冬天银装素裹——绿水青山成了助推县域经济高质量发展的金山银山。

接续奋进，丰富和发展新时代防沙治沙"磴口模式"

1. 打造"防沙治沙+系统治理"样板

坚持系统观念，以防沙治沙和荒漠化防治为主攻方向，护山、节水、造林、改田、保湖、增草、治沙协同推进，对沙漠边缘和腹地、上风口和下风口、沙源区和路径区进行统筹谋划布局，全力构建点、线、面相结合的生态防护网络，力争到2030年完成荒漠化治理168.5万亩，实现县域内荒漠化治理全覆盖。

2. 打造"防沙治沙+光伏产业"样板

追"光"逐"绿"，力争"十五五"初期，全县新能源装机规模达到1400万千瓦以上，光伏治沙面积达到43万亩以上，沙产业产值达到160亿元以上，全力建成新能源创新发展新高地。

3. 打造"防沙治沙+有机奶业"样板

深入推进奶业振兴，力争到2027年，在沙区建成规模化奶牛养殖场56座，奶牛存栏量达到18万头，有机奶产量突破40万吨，奶产业实现产值75亿元，建成全球最大有机奶全产业链生产基地、全国县域内牛奶产量最大的生产基地。

4. 打造"防沙治沙+特色有机农业"样板

选育和推广优质饲草新品种，有机牧草、中草药材、特色林果等种植面积不断扩大。推动酿酒葡萄、肉苁蓉、华莱士瓜、番茄、糯玉米等有机产品实现精深加工，让更多"沙生产品"优质优价、享誉全国。

5. 打造"防沙治沙+全域旅游"样板

依托县域内山水林田湖草沙全要素旅游资源优势，打造沿沙、沿河、沿山3条生态旅游路线，并将其纳入黄河文化旅游带，巩固提升鸡鹿塞、纳林湖等景区品质和影响力，改造提升黄河三盛公国家水利风景区，建成乌兰布和沙漠生态体验区，形成龙头带动、全域发展的生态旅游新格局。

新时代，治沙的接力棒在继续传递。新一代磴口人追随

图为位于巴彦淖尔市磴口县的"万里黄河第一闸"——三盛公水利枢纽

前人的脚步，牢记嘱托、感恩奋进，不断激发"誓让沙漠换新颜、敢把沙漠变绿洲"的顽强斗志，坚决扛起黄河"几字弯"攻坚战核心区和前沿阵地的使命责任，全面挖掘升华"磴口模式"的丰富内涵和时代价值。

二、造林治沙英雄、"时代楷模"

在内蒙古漫长的荒漠化防治实践中，涌现出一大批榜样，他们把"三北精神"落到实处，坚守阵地，以愚公移山般的勇毅，创造了将沙漠变成绿洲的"人间奇迹"。

一个个平凡英雄扎根荒漠，以尺寸之功积累千秋之利，创造了世界奇迹。他们面朝黄土背朝天，用智慧和力量播撒绿色，把青春和汗水浇灌在荒漠地带。一个个为了家园更美、生态更好、绿色更多而躬身奋斗的"身影"，正是"三北精神"最生动的注解。

（一）王有德

1953年，王有德出生在位于毛乌素沙漠东南边缘的宁夏灵武市马家滩镇。他小时候见惯了风沙灌满窑洞，黄沙一夜间把大半个窑洞埋起来的情景。十几年间，20多个村子的3万多人被迫离开家乡。从那时起，王有德便立志把沙漠变成绿洲。1976年，王有德进入林业系统工作；1985年，他调任白芨滩林场副场长。那时的白芨滩条件十分艰苦，喝的是苦咸水，住的是晚上能看见星星的土坯房。王有德意识到治沙必须先治穷，要治沙首先要改变林场的穷困面貌。

深入调研后，王有德大刀阔斧实施改革：精简后勤人员，实行工效工资制度，林业生产任务包产到人……改革后，林场的收入增加了，职工的收入也增加了，治沙造林公司、砖厂、绿化工程队、车队先后建了起来，沉寂多年的林场重新焕发生机。

林场"自我造血"功能增强，治沙造林事业也揭开了新篇章。王有德带领职工在流动沙丘固沙造林，向沙漠宣战。他身先士卒，吃在沙漠、睡在野外，白天和职工一起推沙、平田、砌渠道，夜晚点着煤油灯研究第二天的工作。寒冬腊月，为了抢抓树苗灌冬水的时机，王有德和职工们日夜守在水渠边。有一年冬天，水渠突然崩塌，为保护辛辛苦苦种下的树苗，王有德和职工们纷纷抱着麦草捆跳入水中，堵住口子，很多人因此患上了关节炎。治沙的人常说，养个娃娃容易，在沙漠里种棵树难。千辛万苦栽好的树苗，常常一夜之间就被风沙掩埋。王有德和职工们还为此掉过眼泪，但他们没有气馁，提振精神后又继续投入工作，直到树木连成片，把流沙牢牢锁住。

在白芨滩，每一株小草、每一棵幼苗都异常珍贵。为了保证树苗的成活率，不管多晚，当天拉来的树苗必须立刻栽上。王有德常说："人是有生命的，饿了渴了可以喊。植物不行，它喊不出来，你只能去观察它。看看它缺不缺水，旱了没旱，死了没死，有没有病虫害。"一次次，他用那双长满老茧的手刨开沙土，看苗根扎好了没有。他的指甲缝里都是泥，身上是抖不尽的沙子。据王有德的长子回忆："父亲每次回家都是带着满身的沙子，所到之处全是沙子。母亲说父亲把沙漠绿化了，却把家给沙化了。"

为了防风固沙，王有德带领职工们扎制草方格沙障。随着时间的推移，他们编织出漫无边际的草方格地毯，罩住了滚滚流沙。草方格上，沙生植物茁壮成长。曾经风沙肆虐的沙地而今已成为物种丰富、生态优良的国家级自然保护区。

如今，30多年过去了，凭着"宁肯掉下十斤肉，不让生态落了后"的拼劲，王有德带领职工营造防风固沙林60万亩，控制流沙近百万亩，不但构建起阻挡毛乌素沙漠侵蚀的绿色屏障，还让沙漠从黄河东侧后退了20公里，创造了世界治沙史上的奇迹。

2014年，王有德退休了，但他并没有停下治沙的脚步。他创建了宁夏沙漠绿化与沙产业发展基金会，在银川河东机场东侧的马鞍山荒滩上承包了1万亩沙地，继续治沙造林。

"虽然已经退休了,但我还要继续坚持防沙治沙,生命不息,治沙不止。多栽一棵树,就是我的价值;多治理一片荒山,就是我的价值;让当地老百姓找到致富之路,就是我的价值。"王有德说。

(二)石光银

1952年,石光银出生于地处毛乌素沙漠边缘的陕西省定边县海子梁乡。这里常年受风沙侵袭,有时屋子也会被风吹倒。乡亲们一年到头忙忙碌碌,但一场风沙就有可能让他们的努力付诸东流。据石光银回忆,为了躲避风沙,他跟随父母亲搬了9次家。"一年一场风,从春刮到冬;从春种到夏,到秋一场空。"这是石光银家乡广为流传的一句话,表达了人们对风沙侵袭的无奈。

石光银7岁那年和邻居家5岁的男孩虎娃在野外放羊时,遇到了沙尘暴,两个孩子被风沙裹挟着失散。三天后,家人在30里外内蒙古一户牧民家找到了石光银,而曾经活蹦乱跳的虎娃却不知被风沙埋到了哪里,再也没有回来。小伙伴的离去让石光银恨透了风沙,他下定决心,誓与风沙抗争到底。

1984年,国家出台政策,允许农民承包治理"五荒地"。当时,石光银在海子梁乡农场当场长,一个月能挣四五十块钱。可他还是毫不犹豫地抛下自己的"铁饭碗",带着家人搬到了沙区。他同海子梁乡政府签订了合同，承包治理 3000 亩荒沙，成为榆林地区承包治沙第一人。

造林治沙绝非易事。刚开始，石光银就碰到一个大难题，那就是资金问题。为筹措资金，石光银不顾家人的反对乃至哀求，把家里赖以生存的 84 只羊、1 头骡子卖了。与石光银一同治沙的乡亲们也纷纷变卖家畜，大家东借西凑，终于凑够了买树苗的钱。治沙第一年，石光银带领乡亲们在承包的沙地上栽种杨树、沙柳等。由于雨水充足，栽种的树苗成活率高达 85%。这更加坚定了石光银治沙的决心。第二年，石光银又与长茂滩林场签订了承包治理 5.8 万亩沙地的合同。这一次，他还争取到农业银行的贷款。为了便于管理，1986 年，他成立了治沙公司。

石光银承包的 5.8 万亩沙地中有大小沙梁上千座，其中占地 6000 多亩的狼窝沙是治理难度最大的，这里地形复杂、环境恶劣，地表温度夏季高达 60 多度，冬季低至零下 40 多度。要在这里栽树，难度可想而知。

1986 年春，石光银带领团队成员进驻狼窝沙，他们将树苗背进沙窝，每天睡在沙梁上。然而，他们并没有用辛劳换来好的结果。这一年大风不停地吹，辛辛苦苦种下的树苗还没长大，就被大风吹倒了，所有的付出都打了水漂。在妻子的鼓舞下，石光银振作起来。1987 年春，石光银再次带领团队成员栽种树苗。这一次，80%以上的树苗被毁。这两次失败让石光银意识到光靠蛮力不行，必须要掌握技术，学习治沙经验。1988年春，石光银带领团队成员第三次来到狼窝沙，他运用学到的"障蔽治沙法"，在迎风坡画格子搭设沙障，在沙障间播撒沙蒿、栽植沙柳，以固定流沙，然后种下杨树苗。这一次，树苗存活率达到90%以上。

此后，石光银又带领团队成员绿化了海子梁乡同心干村4.5万亩盐碱滩、长城林场4.55万亩沙地、盐化厂湖区7.5万亩盐碱地等，在毛乌素沙漠南缘建起了百余里长的"绿色长城"。

他还将治沙与治穷相结合，走"公司+农户+基地"的路子，先后创办了养殖、绿色食品生产、饲料加工、育苗、新品繁育等企业，带领村民发家致富。石光银说："光治沙解决不了当地百姓的温饱问题，要想走上富裕之路，还得开发利用沙漠资源，向沙漠要效益，走良性循环之路。"石光银共帮扶1000多人脱贫，为当地农牧业发展、群众脱贫致富奠定了坚实基础。就这样，曾经的沙窝窝变成了"金饽饽"，老百姓的腰包越来越鼓，治沙造林的积极性也越来越高，治沙与致富形成良性循环。

作为治沙造林事业的杰出代表，石光银荣获"全国劳动模范""全国治沙英雄"等称号。在庆祝中国共产党成立100

周年"七一勋章"颁授仪式上,习近平总书记亲自给他颁授勋章。

(三)牛玉琴

1966年,17岁的牛玉琴从陕西省定边县嫁到了靖边县金鸡沙村。这里地处毛乌素沙漠南缘,常年饱受风沙之苦——风卷黄沙,蔽日遮天,"起风出门难睁眼,随时可以积成梁"。为了改善生态环境,也为了过上好日子,牛玉琴和丈夫张加旺下定决心治沙,"宁愿治沙累死,也不能被沙子欺负死"。1984年冬,牛玉琴夫妇响应靖边县委、县政府号召,变卖家产,承包万亩荒沙滩,在缺技术、缺劳力、缺资金的情况下与沙漠展开斗争。第一年,他们筹集4500元,植树种草6600亩,因沙尘的侵袭,无一存活。第二年,他们背水一战,卖掉房子,住进沙窝,每天从十几里外挑水浇树,种下1000多亩树苗。风沙过后,这些树苗倒下一大半。夫妻俩一边种树,一边琢磨方法、学习技术。第三年,他们种了6000多亩林阜,成活率达到70%以上。

造林初见成效,牛玉琴喜不自胜,可噩耗也跟着传来,一直支持她、爱护她的丈夫张加旺被确诊为骨癌。1988年,张加旺离开了人世。在此期间,牛玉琴因患急性阑尾炎住进医院,患精神病的婆婆也多次发病。但这些都没有让牛玉琴停下治沙的脚步。

20世纪90年代初,在林子有了经济效益的时候,牛玉琴筹资建起了旺琴小学,解决了周边60多名孩子的上学问题。她还积极筹集资金,为村民修路、通电、通水。

在治沙过程中,牛玉琴不断探索致富之路。她说,让沙漠绿起来并不够,要让林子给老百姓带来经济收入,还要让村民富起来。为此,在"锁住"沙漠的同时,牛玉琴想办法引进新树种,开始种植经济林木。她先后成立了治沙公司、养殖场和育苗基地等,积极发展中药材种植业和设施农业。

经过30多年的艰苦奋斗,牛玉琴治沙的面积从最初的1万亩变为现在的11万亩,植树2800万棵,当年的不毛之地已经变成"塞上氧吧"。她创造了人进沙退的奇迹,被誉为"治沙女杰",曾获"全国三八红旗手""全国劳动模范"等荣誉称号,1993年获联合国粮农组织颁发的"拉奥博士奖"。

(四)八步沙"六老汉"

甘肃省古浪县位于腾格里沙漠南缘,境内沙漠化土地面积达到239.8万亩,风沙线长达132公里。八步沙是古浪县最大的风沙口。20世纪80年代初,这里的沙漠以每年7.5米的速度向前推进,吞噬农田和村庄。1981年,为改善生态环境,防止沙漠进一步扩展,当地六位老汉郭朝明、贺发林、石满、罗元奎、程海、张润元在承包治沙的合同书上摁下红指印，以联户承包的形式组建了八步沙集体林场，走上与沙漠抗争的道路。他们是首代八步沙治沙人，当地人亲切地称他们为"六老汉"。

之后，他们卷起铺盖，背着干粮深入沙漠。六个人凑钱买了树苗，靠一头毛驴、一辆架子车、几把铁锨开启了治沙之旅。他们没有治沙经验，第一年只能像种庄稼一样栽种树苗：挖个坑，放树苗，再填坑浇水。就这样，他们造林1万亩。为了看护树苗，防止村民的羊吃树苗，他们把"家"搬到了八步沙，吃住都在八步沙。可到第二年春天，一场大风刮过，六七成的苗子被毁。后来，经过技术人员指导，"六老汉"总结出"一棵树一把草，压住沙子防风掏"的办法，先埋草固沙再种树，提高了树苗成活率，沙漠里渐渐出现了星星点点的绿色。

经过10年苦战，"六老汉"用汗水浇绿了4.2万亩沙漠。八步沙的树绿了，但六位老人却白了头。1991年，贺发林去世；第二年，最初提出治沙的石满也离世了；之后，郭朝明、罗元奎也相继离世。"六老汉"只剩下程海和张润元两位老人了。

六位老人曾经约定，不管谁先离开，每家必须有一个人接过治沙的铁锨，继续治理八步沙。就这样，郭朝明的儿子郭万刚、贺发林的儿子贺中强、石满的儿子石银山、罗元奎的儿子罗兴全、程海的儿子程生学、张润元的女婿王志鹏接过了治沙的铁锹，成了八步沙第二代治沙人。他们踏着父辈的足迹，以"黄沙不退人不退，草木不活人不走"的决心，继续投入治沙事业，探索出"治沙要先治窝，再治坡，后治梁"的方法。八步沙的治沙任务完成后，他们又主动请缨，将治沙重点转向黑岗沙、大槽沙、漠迷沙三大风沙口。十多年过去了，他们在三大风沙口治沙造林 6.4 万亩，封沙育林 11.4 万亩，栽植各类沙生苗木 2000 多万株。

2016 年 5 月中旬，郭朝明的孙子也来到林场工作，成为八步沙第三代治沙人。2018 年以后，很多大学生进入林场工作，让林场焕发新活力。作为新一代治沙人，他们在掌握父辈经验的基础上不断更新治沙模式，培育新的树苗。八步沙林场由原来的 6 个人变成了 300 人，由"一驴、一车、几铁锹"变成了机械化作业，并且探索推行了"打草方格、细水滴灌、地膜覆盖"等新技术，从防沙治沙、植树造林到培育沙产业、发展生态经济，探索出一条"以农促林、以副养林、农林并举、科学发展"的生存发展之路。

从 1981 年八步沙林场成立至今，八步沙三代治沙人锲而不舍，用 40 多年的时间封沙育林 21.7 万亩，构筑起 300 公里长的绿色防护带，先后获得"最美奋斗者""全国治沙劳动模范"及"时代楷模"等多项荣誉称号。

（五）殷玉珍

1985年，殷玉珍从陕西嫁到鄂尔多斯市乌审旗河南乡尔林川村（今乌审旗无定河镇萨拉乌苏村）井背塘。她的丈夫白万祥是个老实人，家里一贫如洗不说，方圆10多公里内更是渺无人烟，抬头是沙，低头也是沙，经常一觉醒来，黄沙就堵在房门口，全家要挖好一阵沙子才能出去。这让殷玉珍有了治沙的念头，她意识到只有治沙才能有更好的生活，才能让后辈过上好日子。

1986年，殷玉珍夫妻二人走上治沙之路。他们用一只羊换回600棵树苗，种在房屋周围，每天精心照料。然而，在茫茫沙漠种树谈何容易。一场沙尘暴袭来，千辛万苦栽下的小树苗被连根拔起，不知刮到了哪里，600棵树苗只活了10多棵。尽管如此，乐观的殷玉珍还是看到了希望。

除了勉强填饱肚子之外，夫妻俩把所有收入都投入了种树治沙事业。为了获取更多的树苗，丈夫白万祥外出打工，只要树不要钱。可是，风沙肆虐，他们的种树之路走得异常艰难。一年秋天，两人种下的几千棵树苗一夜之间几乎全被风沙吞没。

1989年春，白万祥打工时听说附近村里有5万株树苗没人要。得知这个消息后，殷玉珍乐坏了，她和丈夫借了3头牛，一连10多天,每天凌晨3点钟从家里出发,到19公里以外的地方去拉树苗。他们顶着狂风在沙海里艰难地前行,大风一次次把树苗刮到坡底,他们一次次捡回来,重新抬上牛背。回到家,夫妻俩已经筋疲力尽了,可是树苗不当天栽下就会枯萎,他们只能强打起精神去种树。

在这场与沙子的"拉锯战"中,殷玉珍遇到了太多困难,但她从来没想过放弃。种了被埋,埋了再种,年复一年,殷玉珍和丈夫摸索出用灌木挡风固沙、蓄水保墒,再层层设防的种树方法。他们种活的树越来越多,绿色在沙漠中不断延伸。

30多年来,她让10万亩沙地披上绿装,栽植柳树、杨树、

如今,殷玉珍建起了"玉珍生态园",成立了内蒙古绿洲治沙造林有限公司。从以前"沙里种树"到如今"沙里淘金",殷玉珍的目标不仅是治好沙、管好沙,更要用好沙

云杉、樟子松等近 700 万株，曾经荒无人烟的井背塘变成了绿洲。殷玉珍不畏艰难，持之以恒植树治沙，多次受到国家和自治区表彰，获得"全国劳动模范""全国十大女杰""全国三八红旗手"等荣誉称号，还曾入围诺贝尔和平奖提名人选。在成绩面前，殷玉珍并没有沾沾自喜，她说"要用毕生精力为治沙事业做贡献"。

（六）董鸿儒

内蒙古自治区乌兰察布市兴和县有一座苏木山森林公园，是国家 AAAA 级旅游景区。几十年前，这里还是一座寸草不生的荒山。这翻天覆地的变化，离不开董鸿儒和当地人民的辛勤劳动与付出。

20 世纪 50 年代初，全国掀起植树造林运动。兴和县积极响应，于 1956 年在苏木山建立了护林站，并先后派来多名护林员，但由于条件艰苦，这些人大多都离开了。1958 年春，19 岁的董鸿儒告别新婚妻子，背起行囊，步行 40 多公里来到苏木山，成为一名护林员。那时的护林站工作条件非常艰苦，只有一间四面透风的土屋。后来，为了全身心投入工作，董鸿儒将家搬到了苏木山。由于交通不便，离县城远，缺医少药，他的 3 个孩子先后因患病得不到治疗而夭折。痛苦没有把他击倒，他越挫越勇，治沙的信念愈发坚定。

1960年，苏木山林场正式成立，赵守礼担任场长。他和董鸿儒积极发动周边农民参与种树，种树队伍因此逐渐壮大。董鸿儒先带领工人种植了300多亩杨树苗，但到第二年春天，种植的树苗只有少数存活下来。之后，他们又尝试种桦树、杏树、榆树，但都没有成功。到底什么树种适合苏木山？董鸿儒暗下决心：一定要找到这个问题的答案。他每天带着干粮，在苏木山一带大大小小20多座山上寻觅，最后终于在山脚下发现一棵长势良好的华北落叶松。这让他看到了希望。1964年春，董鸿儒、赵守礼和部分职工先后前往山西省天镇县的长城山林场和河北省围场县林场学习落叶松栽培技术，并带回80斤华北落叶松种子。

1965年春，董鸿儒用带回来的华北落叶松种子育苗成功。1966年开春，林场开始大面积种植华北落叶松。苏木山地势陡峭，无法用车辆运输树苗，只能靠人力搬运。董鸿儒和工人们把树苗用麻袋捆好，用铁皮箱装好水，每天背着七八十斤重的树苗或水箱往返两三次。就这样，大家披星戴月，双肩勒出血，手上磨出泡，栽植了一万多亩树苗，成活率90%以上。

到20世纪80年代末，苏木山已经全部披绿，而"塞上愚公"董鸿儒的名字也传遍大江南北。他先后4次被内蒙古自治区党委、政府评为"优秀共产党员"和"劳动模范"，获得全国"五一"劳动奖章及"全国劳动模范""北疆楷模""全国少数民族地区先进工作者"等荣誉称号。

如今，苏木山拥有 20 余万亩人工林和 9.8 万亩天然灌木林，常栖鸟类有 100 多种，森林覆盖率高达 74.8%，成为名副其实的"绿色银行""绿色宝库"，持续为京津冀固风沙、输绿水、送清风。

董鸿儒于 1999 年退休后，在苏木山林场承包了一片林地，一面培育新树苗，一面传授种树经验，继续为苏木山的绿化辛勤耕耘。对董鸿儒而言，逝去的是岁月，不变的是信仰。他就像苏木山上的一棵不老松，为后继者讲述着"绿水青山就是金山银山"的故事。在他的感召下，成千上万的志愿者加入植树造林大军。

（七）苏和

在内蒙古自治区阿拉善盟额济纳旗，有一位正厅级退休干部和他的妻子栽植了 3000 多亩梭梭，在茫茫戈壁上建起一道绿色屏障。这位退休干部就是阿拉善盟政协原主席苏和。2004 年，他提前两年退休，回到故乡额济纳旗，在黑城遗址旁植树造林。

黑城建于 9 世纪，为西夏王朝"黑山威福监军司"所在地，是古丝绸之路上现存最完整、规模最宏大的一座古城遗址，是全国重点文物保护单位。这里地处戈壁荒漠，黄沙漫漫，渺无人烟，夏季气温高达 40 多摄氏度，自然环境十分恶劣。"黑城周围风刮过来的沙子堆得和城墙一样高，眼看就要将黑城埋掉了。我当时有个想法，黑城不能在我们这辈人手上消失。"苏和说。

苏和的妻子和他一样，是土生土长的额济纳旗人，对家乡怀有深厚的感情。她虽然担心苏和的身体，但对苏和的决定非常支持。他们投资 3 万多元，盖起了一排小平房，走上了治沙之路。

因为缺少在沙漠里种树的经验，他们第一年种下的梭梭几乎死亡殆尽。第二年种下的梭梭成活率也不高。2006 年，曙光终于出现，他们培育梭梭苗 6 万多株，不但满足了自用需求，还无偿提供给周围牧民种植。

最初，苏和和妻子用水车拉水浇灌梭梭。后来，为了种更多的梭梭，他们开始打井。10 年间，他们共在沙漠上打了 8 眼井。每种下一棵树苗，苏和都会用旧衣服裹住树干。"裹衣服是怕兔子和老鼠吃。这几年生态环境有了改善，沙漠里的兔子多了，鼠害也猖獗了。"苏和说。

治沙之路不仅艰辛，而且充满危险。有一次，苏和被烫伤，在没有通路的情况下，妻子只能到几公里外找牧民求救。2005 年春，苏和和妻子开车去黑城，车陷在沙漠里，手机也没有信号。老两口没有带足水和食物,在车里困了一天一夜,直到第二天下午才被路过的牧民发现。2018年9月的一天,苏和正在林地里干活,不小心被旁边转动的割草机绞伤了右腿。他因患有糖尿病,手术后伤口久久不能愈合,最终做了截肢手术。当他装上假肢,能够站起来行走时,又回到了黑城,回到了心爱的梭梭林。"只要我还能走,还能开车,我就还能种树,还能给梭梭浇水。"苏和说。

从2004年到2021年,苏和夫妇二人共栽种了25万多株梭梭苗、2000余株胡杨苗,植树造林面积6307亩,他种的梭梭林成为阿拉善盟面积最大的人工梭梭林之一。

不惧风沙遮望眼,甘作大漠播绿人。苏和被誉为"大漠胡杨""沙漠愚公",先后获得"时代楷模""全国离退休

苏和(左)扎根大漠十余年,在漫漫沙海中建起一片生机勃勃的绿洲

干部先进个人""全区优秀共产党员""全区道德模范""感动内蒙古人物"等荣誉称号。2021年6月20日,苏和因病医治无效逝世,享年74岁。斯人已逝,大漠绿色依旧动人,这是对他最好的怀念。

第四章

发扬"三北精神" 奏响时代凯歌

新时代新征程中,我们要以习近平新时代中国特色社会主义思想为指引,大力弘扬"三北精神",凝聚起建设现代化内蒙古的强大合力,勇攀高峰、勇立潮头、携手共进,全力办好两件大事,努力实现闯新路、进中游的目标,奋力书写中国式现代化内蒙古新篇章!

一、凝心聚力,完成好五大任务

"三北精神"是在三北地区生态建设实践中形成的宝贵精神财富。内蒙古自治区以独特的地理位置和生态价值,成为"三北"工程的重要阵地。因此,北疆儿女既是"三北精神"的铸就者,又是"三北精神"的践行者。我们要大力弘扬这一精神,将其转化为推动完成五大任务的强大动力。

党的十八大以来,习近平总书记先后3次到内蒙古考察,5次参加全国人民代表大会内蒙古代表团审议,明确要求把内蒙古建设成为我国北方重要生态安全屏障、祖国北疆安全稳定屏障、国家重要能源和战略资源基地、农畜产品生产基地、我国向北开放重要桥头堡的战略定位。建设"两个屏障""两个基地""一个桥头堡"是习近平总书记从内蒙古实际出发,着眼全国大局交给我们的五大任务,既指明了内蒙古在新时代新征程上的重大责任和光荣使命,也指明了内蒙古完整准确全面贯彻新发展理念、服务和融入新发展格局的努力方向和着力重点。我们要深入贯彻落实习近平总书记重要讲话精神，紧紧围绕落实五个方面的战略定位，自觉把内蒙古工作放在构建新发展格局中谋划和推进。

2023年10月，《国务院关于推动内蒙古高质量发展奋力书写中国式现代化新篇章的意见》（以下简称国务院《意见》）印发，为内蒙古加快落实习近平总书记交给的五大任务提供政策支持。国务院《意见》出台后，自治区党委在以往工作的基础上，组建了完成"五大任务"和推进高质量发展领导小组，

《国务院关于推动内蒙古高质量发展奋力书写中国式现代化新篇章的意见》

制定了贯彻落实分工方案，快马加鞭地推进各项工作，努力以自身发展质效的提升带动保障国家生态、能源、粮食、产业、边疆安全功能的增强。接下来，我们要同习近平总书记对内蒙古重要讲话重要指示批示精神对标对表，大力弘扬"三北精神"，不断完善发展思路和工作举措，全力推进高质量发展。

在建设我国北方重要生态安全屏障方面。对内蒙古而言，保护生态安全是责任，更是担当，必须牢记"国之大者"，坚持系统观念，立足全国发展大局，全力守好这方碧绿、这片蔚蓝、这份纯净，通过筑牢我国北方重要生态安全屏障，为打造青山常在、绿水长流、空气常新的美丽中国作出贡献。

筑牢我国北方重要生态安全屏障是一项系统工程，必须从全局角度出发，统筹考虑森林、草原、湿地、河流、湖泊、沙漠等多种自然形态，坚持山水林田湖草沙一体化保护和系统治理，遵循自然规律推进生态保护和修复。要全力打好黄河"几字弯"攻坚战、科尔沁和浑善达克两大沙地歼灭战、河西走廊—塔克拉玛干沙漠边缘阻击战三大标志性战役，确保如期完成"三北"工程攻坚战任务，把我国北方地区的风沙"防护服"打造得更加厚实。

　　在建设祖国北疆安全稳定屏障方面。内蒙古作为祖国"北大门"、首都"护城河"，维护国家安全和社会稳定的责任重于泰山。要自觉践行守望相助的理念，铸牢中华民族共同体意识，全力做好守边护边、社会治理、防范化解风险等各项工作，以更加扎实的作风、更加有力的举措，在祖国北疆筑起坚如磐石的安全稳定屏障。国务院《意见》针对内蒙古守边护边面临的突出困难和存在的薄弱环节，从支持边境地区水电路讯一体化建设、实施兴边富民特色产业发展工程、加快沿边国道待贯通和低等级路段建设改造、布局建设应急物资储备库等方面提出许多具体政策。我们要切实用好这些政策，加快把边境地区的产业发展、基本公共服务、基础设施建设水平提上来，进一步解决边境地区"空心化"问题，提升党政军警民合力强边固防水平，切实筑牢祖国北疆安全稳定的"铜墙铁壁"。安全稳定工作做不好就会"一失万无",我们要以"时时放心不下"的责任感抓好安全生产和债务、金融、房地产等领域的风险防范化解工作,确保人民安居乐业、社会大局稳定。

在建设国家重要能源和战略资源基地方面。内蒙古煤炭保有资源量占全国的 1/4 以上,风能、太阳能技术可开发量分别占全国的 1/2 和 1/5 以上,稀土保有资源量居全国第一位,无论是在保障国家能源安全、支撑国家经济发展上,还是在优化国家能源战略布局、促进全国实现"双碳"目标上,都占有重要地位,发挥着重要作用。我们要切实担负起保大局的政治责任,坚持煤、电、油、气、风、光、氢、储并举,持续深挖保供潜能,努力为国家供给更为稳定、更加安全、更加绿色的能源资源。传统能源方面,要加快储备一批煤炭和煤电项目,大力推动煤基新材料高端化发展,加大油气资源勘探开发和增储上产力度,确保在关键时候能供得上、顶得住。

在建设国家重要农畜产品生产基地方面。农为邦本,本固邦宁。农牧业基础地位任何时候都不能被忽视和削弱,粮食和农畜产品稳产保供,是内蒙古稳经济、稳全局的"压舱石"。做好"三农三牧"工作,使命光荣、责任重大。我们要切实做好"地"的文章,加快高标准农田建设、黑土地保护、盐碱地综合改造利用步伐，积极开发各类非传统耕地资源，尽快把剩余的基本农田改造成适宜耕作、旱涝保收、高产稳产的现代化良田。我们要切实做好"水"的文章，深化农业水价综合改革，大力推广喷灌、滴灌等节水技术和水循环利用技术，深入推进河套等大中型灌区续建配套和现代化改造，从根本上解决大水漫灌、地下水超采等问题。我们要切实做好"种"的文章，用好国家乳业技术创新中心、巴彦淖尔国家农高区等平台，加大本土粮种、畜种、草种、薯种等研发力度，努力培育更多优质种质资源。同时，抓住国家实施设施农业现代化提升行动和鼓励探索发展沙漠戈壁生态农业的契机，推进农牧业设施化、智能化发展，推动农牧业不断扩大数量、提高质量、增加产量。

在打造我国向北开放重要桥头堡方面。内蒙古内连八省，外接俄罗斯和蒙古国，区位优势得天独厚，历史上就是"草原丝绸之路"和"万里茶道"的重要枢纽和通道，现在更是我国向北开放的重要桥头堡和中蒙俄经济走廊的重要节点、国家西部陆海新通道的重要门户。我们要从思想观念、视野格局、体制机制等深层次问题入手，加快建立起高水平对外开放的工作格局。在思想观念上，打破自我满足、自我封闭的桎梏，摒弃"我不如人"的念头，增强开放意识、合作意识、共赢意识，以更加积极主动的姿态扩大开放。在视野格局上，摆脱在"一亩三分地"上打转转的思维和习惯，树立"内蒙古地处边疆但并不边远""开放向北着力但不局限于北""深化区域合作也是开放"的理念，把内蒙古的开放放在国内国际双循环中来把握，对内深化与京津冀、长三角、粤港澳大湾区和东北三省等的交流合作，对外继续瞄准俄、蒙、日、韩以及欧美等国家和地区扩大经贸往来，全力打造联通内外、

内蒙古对内对外开放基本格局示意图

辐射周边，资源集聚集散、要素融汇融通的全域开放平台。在制度机制上，加快建立全方位、高效率、无障碍的开放合作机制，尽快把对外开放搞活搞火，推动各方面合作取得新进展。

二、众志成城，全方位建设模范自治区

内蒙古自治区横跨三北，是全国防沙治沙的主阵地、主战场，荒漠化防治战线长、任务重、责任大。北疆儿女始终牢记"国之大者"，在"三北精神"的引领下，众志成城，共同奋斗，创造了一个又一个奇迹。新时代，北疆儿女将继续以饱满的精神状态和昂扬的奋进姿态，以更高的要求、更大的力度、更实的举措，做好内蒙古各项工作，全方位建设模范自治区。

要登高望远、争创一流，确立模范的"坐标系"。坚持跳出内蒙古看内蒙古，自觉把全区发展放在全球大背景下、全国大格局中来研究把握。虽然不能简单同发达地区攀产业、比结构、赛速度，但在思想观念、质量效益、项目建设、营商环境、能力作风等方面，必须向最优者学习、向最强者追赶。要摒弃"不骑马，不骑牛，骑着毛驴坐中游"的思想，不安于现状守摊子，而是比学赶超闯路子，努力在各个领域各条战线上都展现出模范自治区的风采。

要精益求精、追求卓越，锚定模范的"高标准"。想在百舸争流中奋楫扬帆、争先进位，就要比别人多做一点、做精一些。要克服"只求过得去，不求过得硬"的心态，不甘平庸、不甘人后，干就干得更好，做就做得更优。谋划决策时，要把形势分析清，把政策研究透，拿出科学的对策；操作推进时，要弘扬工匠精神，树立精品意识，拿出最优的方案；执行落实时，要精准施策，有的放矢，拿出管用的举措，努力把工作做得更加出彩。

要雷厉风行、真抓实干，拿出模范的"硬作风"。模范是干出来的，不是喊出来的。而今，时代发展瞬息万变，很多政策机遇是有窗口期的，往往等一等就把机会等跑了，拖一拖就把项目拖黄了，搁一搁就把事情搁凉了。要牢固树立"今天再晚也是早，明天再早也是晚"的理念，凡事能早就不要晚、能快就不要慢，看准了就出手、谋定了就出发，推动工作以最快速度启动、最高效率推进、最好效果呈现。各级领导机关和领导干部要带头只争朝夕地做工作、抓落实，增强报账意识、交卷意识、成果意识，落实好"规范、精减、提速"要求，解决好"三多三少三慢"问题，以上率下把"慢"这个顽疾解决掉。当然，紧抓快办不是脱离实际、拔苗助长，还是要实打实地把工作谋深抓实。

共同的荣誉需要共同呵护。全方位建设模范自治区是

2400万北疆儿女共同的事业，人人都是参与者，个个都是主人翁。我们要把对脚下这片土地的热爱转化为实际行动，多为家乡作贡献、添光彩，扛起自己该扛的责任，众志成城把祖国北部边疆这道风景线打造得更加亮丽。

三、慷慨激昂，闯新路、进中游

"三北精神"可歌可泣、催人奋进。新时代新征程，"三北精神"继续激励着北疆儿女为实现闯新路、进中游的奋斗目标砥砺前行。我们要继续传承和弘扬"三北精神"，将其融入我们的血脉，让其成为我们闯新路、进中游的强大动力。同时，我们要不断创新和发展"三北精神"，使其在新的历史条件下焕发出更加耀眼的光芒。

2023年7月，自治区党委十一届六次全会明确提出要在中国式现代化建设中闯出新路来、推动内蒙古经济总量进入全国中游的目标。内蒙古紧盯闯新路、进中游目标，"十四五"后两年进一步扩大经济总量，逐步缩小与先进省份的差距，力争在"十四五"末升至全国第20位。

贯彻落实好习近平总书记对内蒙古重要讲话和重要指示批示精神，完成好闯新路、进中游的目标任务，必须心无旁骛地谋实事、干实事。我们要大力弘扬吃苦耐劳、一往无前，不达目的绝不罢休的蒙古马精神和艰苦奋斗、无私奉献、锲而不舍、久久为功的"三北精神",雷厉风行地动起来、干起来,以更大力度和更实举措推进各项事业发展。

瞄准目标,内蒙古将以慷慨激昂的姿态,勇往直前,奋起直追,开辟转型"新赛道"。2024年,内蒙古经济社会发展的主要预期目标是:地区生产总值增长6%以上;规模以上工业增加值增长7%左右;固定资产投资增长15%左右;一般公共预算收入同口径增长5.5%左右;城镇新增就业18万人以上,城镇调查失业率控制在6%左右;居民收入增长与经济增长基本同步;居民消费价格涨幅控制在3%左右;单位地区生产总值能耗降低1.6%左右。重点突出,内蒙古将全力以赴抓政策落地,坚定实施投资带动战略,想方设法激活消费潜力,以非常之举推进科技创新,精心打造具有内蒙古特色的现代化产业体系,坚定不移深化改革、扩大开放,站在"国之大者"的高度,优化区域发展布局,坚决守好祖国"北大门",当好首都"护城河",凝心聚力办好两件大事,勇闯新路谱写新的篇章。

奋进新征程、闯出新路来,需要创一流、当标兵的雄心壮志。全区上下一定要切实做到"七个摒弃",和"我不如人"的观念说再见,加快调整产业结构、着力转变思想观念、切实改进工作作风,拿出舍我其谁的自信、奋起直追的劲头,全力推动各项工作提速提质提效。

各级各地要加快解决"慢""粗""虚"的问题，加大对各类成果和经验的挖掘、总结、推广、运用力度，努力把各项工作往实里抓、往成了干。广大领导干部要大力弘扬蒙古马精神和"三北精神"，当好"施工队长"，少说"给我上"，多说"跟我上"，紧盯难题深入研究，多出实招干事谋事。

2023年，内蒙古有力破解沉积多年的结构性矛盾和机制性梗阻，发展迅速回暖、加快升温，GDP增长7.3%。我们要保持住这个好势头，咬定青山、奋勇争先，力争每年在"闯"上都有新突破、在"进"上都见新成效。

四、坚韧不拔，降服"拦路虎"

人无精神则不立，国无精神则不强。"三北精神"源于对大自然的敬畏，源于对生命的珍视，更源于对美好生活的追求，它激励着无数北疆儿女用勤劳的双手创造一个又一个奇迹。

结构、观念、作风问题，一直是内蒙古发展中的"拦路虎"。我们要以习近平总书记对内蒙古的重要指示要求为指引，持续用力解决制约高质量发展的产业结构问题和干部队伍思想作风顽疾。

加快调整产业结构。按照习近平总书记"大力发展优势特色产业,积极探索资源型地区转型发展新路径"的重要指示要求,在继续做大能源资源产业的同时,大力发展互补性、关联性强的产业,构建多元发展、多极支撑的现代化产业体系。拉长能源产业链条,做好"煤头化尾""追风逐日"的文章,以"绿"为链,全产业链推进煤炭、新能源产业发展,千方百计把研发设计、装备制造、运维服务、市场营销等关联配套产业做大做强,打造具有较强竞争优势的特色产业集群。推进稀土产业科技创新,有针对性地培育打造支柱产业

内蒙古拥有全国57%的风能资源、超过21%的太阳能资源。曾经的内蒙古"羊煤土气",今天的内蒙古"追风逐日"。图为位于呼和浩特市和林格尔新区的风电场

和行业领头羊。着力提高农牧业综合效益，抓好农畜产品精深加工和绿色有机品牌打造，让更多的农畜产品"接二连三"，尽可能形成完整的产业链。加强区内旅游资源开发，建设好旅游基础设施，吸引更多的游客到内蒙古旅游消费。对生物医药、节能环保等战略性新兴产业，要坚持不懈地往下做，积小胜为大胜。

着力转变思想观念。按照习近平总书记"完整、准确、全面贯彻新发展理念"的重要指示要求，教育引导全区上下坚决摒弃"我不如人"的念头，"发展不用太急了"的想法，"重过程不重结果"的意识，"没有成方不敢开药"的做法，"看眼前不看长远"的思维，"不讲细节、差不多就行"的心态，"重生产轻经营"的观念，以新观念好作风干好各项工作。最当紧的是和"我不如人"的念头说再见，把在一些领域创一流、当标兵的雄心壮志树起来，充分发挥内蒙古羊煤土气、林草风光等资源优势和多重叠加的政策优势，在优势特色产业领域加紧谋划实施一批具有标志性、引领性的重大项目，积极抢占制高点，以优势特色产业的领跑带动地区经济后来居上。树立"改错就是改革"的观念，加快推进中央生态环境保护督察反馈、审计监督指出、主题教育检视、调查研究发现、监督贯通协调平台汇总的问题整改，在改的过程中寻找解难题、促发展的思路和办法。树立"理顺和健全体制机制就是解放和发展生产力"的观念，聚焦防沙治沙、节约用水、科研成果推广应用、开发区建设、与央企合作、土地和碳汇指标交易、水权交易、信访代办、治理政府拖欠企业账款等，尽快把相关制度机制建立起来，用机制改进工作、提升质效。树立"节约就是增长、就是发展"的观念，继续深化"五个大起底"，对未处置的"半拉子"工程、僵尸企业等一鼓作气攻下来，把能、水、粮、地、矿、材和人力等各领域的资源节约工作都做起来，多给子孙后代留财富。树立"深化区域合作也是开放"的观念，加强与京津冀、长三角、粤港澳大湾区和东北三省的联通，积极承接国内先进产业转移。用好京蒙协作平台，深入实施"六个倍增计划"，深化与北京的全方位合作，密切同雄安新区的合作联系，实现借力发展。

切实改进工作作风。按照习近平总书记关于以学正风的重要指示要求，加快解决工作中"慢""粗""虚"的问题。深入开展"三多三少三慢"问题专项整治，着力在"规范、精减、提速"上下功夫，完善正向激励和反向惩戒机制，犒赏"快马"，鞭打"慢牛"，全力推动各项工作提速提质提效。坚决改变一些干部粗粗拉拉、大呼隆的毛病，推动各级凡事都往细里抓、往深里抓。从自治区层面带头做起，解决过度留痕和台账泛滥问题，大幅压减督查调度频次，让广大干部把心思和精力真正用在研究解决问题上。

五、锲而不舍，推进"六个工程"

在人类历史长河中，伟大的精神始终是推动社会进步的重要力量。在新的历史起点上，我们要深刻领会"三北精神"的丰富时代内涵，充分认识"三北精神"的宝贵时代价值。推进"六个工程"，同样需要发扬"三北精神"，全力以赴抓落实。

2023年12月25日至26日召开的自治区党委十一届七次全会暨全区经济工作会议强调，要聚焦完成五大任务，坚持稳中求进、以进促稳、先立后破，全力抓好事关高质量发展的重点任务，尤其要实施好对全区经济发展和民生改善具有支撑性、牵引性、撬动性作用的"六个工程"。新时代新征程，内蒙古各地重大项目建设铆足劲、拉满弓、齐发力，推动"六个工程"落地落实，释放经济新动能。

政策落地工程是自治区党委部署的"六个工程"的头号工程。2024年，自治区将全面推动各项政策从"纸上"落到"地上"，切实把政策红利变成现实生产力。要用足用好国务院《意见》及各部委配套措施、部区合作协议，用足用好我区享有的西部大开发、东北全面振兴、黄河流域生态保护和高质量发展、"三北"工程攻坚战等国家战略支持政策，用足用好国家对欠发达地区、资源型地区、边疆地区、民族地区的支持政策，用足用好中央经济工作会议释放的新一波利好政策，努力把每一项支持政策都变成实打实、可感可及的举措，把每一个支持事项都变成看得见、摸得着的项目，决不能让党中央的支持落空、让宝贵的机遇从我们手中滑走。

防沙治沙和风电光伏一体化工程全面推进。自治区党委十一届七次全会暨全区经济工作会议指出："防沙治沙和风电光伏一体化工程要把'三北'工程攻坚战和新能源建设结合起来统筹推进，创新投融资体制机制，充分激发社会力量参与积极性，把这件一举多得的好事办好。"日前，内蒙古发布总林长令，明确提出坚持山水林田湖草沙一体化保护和系统治理，全力打好"三北"工程攻坚战和三大标志性战役，高质量完成沙化土地综合治理1500万亩，加快推进防沙治沙和风电光伏一体化工程建设，新增新能源装机1320万千瓦，配套完成沙化土地综合治理230万亩，努力构筑牢不可破的北疆绿色长城和生态安全屏障。

温暖工程是"六个工程"中与百姓获得感和幸福感息息相关的重点工程。自治区党委十一届七次全会暨全区经济工作会议对温暖工程提出要求："把彻底解决群众反映强烈的供暖问题作为要事紧事，加大投入力度，深化体制机制改革，探索新型智慧供热采暖模式，坚决把暖供足供好，决不能让老百姓挨冻。"2024年，内蒙古将结合城市更新行动，一体化推进管网更新、老旧小区改造，完成燃气、供热、供排水管网改造1500公里和老旧小区改造1185个，启动城中村、城边村燃煤散烧综合治理三年攻坚行动，加快城区集中供热改造，让温暖工程彰显民生"温度"。

诚信建设工程走深走实。自治区党委十一届七次全会暨全区经济工作会议指出："诚信建设工程要建立健全制度机制，推动各级党委和政府信守承诺、'新官理旧账'、不轻诺寡信，统筹推进政务诚信和商务诚信、社会诚信、司法公信建设，切实把内蒙古人讲诚信、守信用的正面形象立起来。"2024年2月，自治区印发了《关于在全区开展诚信建设工程的实施方案》，集中整治政务、商务、社会、司法等领域存在的突出问题，努力将诚信建设工程打造成优质工程、品牌工程。

科技"突围"工程"跑起来"。自治区党委十一届七次全会暨全区经济工作会议指出："科技'突围'工程要跳出老套路，舍得下血本，引进全国乃至世界顶级专家或创新团队搞研发，大力培育新产业新赛道，尽快在一两个点上取得突破，做到'起跑就领先'。"科技创新是发展新质生产力的"牛鼻子"。2024年，内蒙古将以科技创新引领现代化产业体系建设为目标，聚焦重大战略、重点产业链、重大创新平台，在低碳能源、煤化工、生物医药、种业、防沙治沙、乳业、稀土、草业等领域组织开展关键技术攻关，打造"科技兴蒙"政策"升级版"，在创新平台载体建设、强化企业主体地位、激发人才创新活力、促进科技成果转移转化等方面，加快推动科技"突围"工程取得丰硕成果。

自贸区创建工程高效推进。自治区党委十一届七次全会暨全区经济工作会议指出："自贸区创建工程要抓紧编制总体方案，积极推进制度创新，力争尽快取得实质性进展。坚持以创促建，统筹抓好重点口岸打造、开放平台能级提升、腹地园区建设、中欧班列提质扩容。"没有大开放就没有大

乌兰察布市七苏木国际物流枢纽产业园依托七苏木国际物流园、中蒙班列庙梁煤炭矿石基地、中欧班列平台等，开展铁路仓储物流、多式联运、物流咨询、国际运输代理等业务。图为工作人员正在进行中欧班列装车作业

发展。作为国家向北开放重要桥头堡，内蒙古把自贸区创建工程作为2024年开放工作的头等大事来抓，加大制度创新力度，加快推出一批基础性改革事项和高水平开放举措，全力推动创建工作取得实质性进展。

内蒙古大力弘扬"三北精神"，全力以赴推动"六个工程"落地见效，带动全区经济动能持续释放。以"六个工程"为重要牵引，内蒙古只争朝夕，紧抓快干，向着闯新路、进中游的目标迈出坚实步伐。

六、久久为功，推进全面从严治党

"三北精神"凝结着几代人的智慧和汗水，是广大干部群众在与漫漫黄沙的长期较量中坚持不懈的内在动力，是在脚踏实地构筑绿色长城的实践中铸就的时代精神。在新的历史起点上，我们要继续发扬"三北精神"，推动党建工作向纵深发展，为完成两件大事提供有力政治保障。

2022年3月5日，习近平总书记在参加十三届全国人大五次会议内蒙古代表团审议时强调，全面从严治党是党永葆生机活力、走好新的赶考之路的必由之路。办好中国的事情，关键在党、关键在全面从严治党。

党的十八大以来，全区上下以强烈的革命精神和斗争精神净化修复政治生态，毫不犹豫向顽疾亮剑，毫不手软向毒瘤开刀，坚决撕开口子、揭开盖子、挖出根子，全力推动政治生态正本清源、重塑再造，为各项事业发展进步扫除了障碍、清除了隐患、创造了良好环境。

今天的内蒙古，山清水秀、人和业兴，城市乡村日新月异、幸福指数节节攀升，这一份份优异的答卷来源于内蒙古在加强党的全面领导、巩固党的执政根基、增进人民福祉方面付出的巨大努力，展现出内蒙古党建工作的磅礴伟力。坚决维护党中央权威，夯实理想信念根基，增强基层党组织整体功能……内蒙古以党建为引领，以党建促发展，绘就了景美民富人和的精彩画卷。

（一）一以贯之，坚决做到"两个维护"

事在四方，要在中央。坚决维护习近平总书记党中央的核心、全党的核心地位，维护党中央权威和集中统一领导，是推动新时代中国特色社会主义不断发展前进的根本政治保证，是做好内蒙古各项工作的根本政治前提。二十届中央纪委二次全会指出，新时代新征程政治监督的根本任务就是推动党员干部深刻领悟"两个确立"的决定性意义、坚决做到"两个维护"，确保党中央重大决策部署和习近平总书记重要要求不折不扣落到实处。自治区党委明确提出，要通过强化政治监督推动各方面聚焦聚力办好两件大事。我们要把坚决做到"两个维护"作为最高政治要求、最高政治纪律，坚定不移沿着习近平总书记指引的方向一往无前、一干到底。

沧海横流显砥柱，万山磅礴看主峰。"两个维护"，是党的十八大以来我们党的重大政治成果和宝贵经验，也是全党在新时代革命性锻造中形成的普遍共识和共同意志，关乎党和人民的根本利益。坚决做到"两个维护"，既是根本政治任务，也是根本政治纪律和政治规矩。实践一再证明，做好内蒙古工作，办好内蒙古的事情，最根本的一条，就是要始终自觉向党中央对标看齐，始终坚决做到"两个维护"。

旗帜引领方向，核心凝聚力量。坚决做到"两个维护"，就要增强忠诚核心、拥护核心、看齐核心、捍卫核心的政治自觉、思想自觉、行动自觉，不断提高政治判断力、政治领悟力、政治执行力，确保各项事业始终沿着正确政治方向前进；就要坚定自觉维护党的团结统一，始终牢记"国之大者"，不折不扣贯彻执行党中央决策部署，切实做到党中央提倡的坚决响应、党中央决定的坚决照办、党中央禁止的坚决不做，始终在政治立场、政治方向、政治原则、政治道路上同以习近平同志为核心的党中央保持高度一致。

坚决做到"两个维护"，不仅要有坚定的态度，更要拿出真真切切的举措，做出实实在在的行动。要把坚决做到"两个维护"贯彻到内蒙古各项工作的全过程各方面，落实到履职尽责、做好本职工作的具体实践中，体现在日常言行上。要把政治忠诚体现在立足党和国家大局担当内蒙古责任、贡献内蒙古力量上，努力在更好服从和服务大局全局中实现自身发展。要把学习贯彻习近平总书记对内蒙古重要讲话重要指示批示精神作为重中之重、要中之要，深学细悟贯穿其中的政治标准和政治要求，完整、准确、全面地落实到各项工作中，不讲条件、不搞变通、不打折扣，确保党中央决策部署在内蒙古得到有力有效贯彻落实。要放眼全局谋一域，自觉把内蒙古工作置于党和国家工作大局中审视和推进，只要党中央部署的、国家需要的就坚决做、马上办、抓到位，做到一切站位大局、服从大局、服务大局、维护大局。

征程万里风正劲，重任千钧再扬帆。在新的赶考路上，我们要把坚决做到"两个维护"融入血脉、铸入灵魂，把全区上下的智慧和力量凝聚起来，统一思想、统一意志、统一行动，沿着正确的政治方向坚定前进，在全面建设社会主义现代化新征程上，干出一番新事业，闯出一片新天地。

（二）持之以恒，推动全面从严治党向纵深发展

当前，内蒙古自治区正处于推动高质量发展的关键期，迫切需要发挥全面从严治党的引领保障作用，严明党的政治

纪律和政治规矩，全力营造风清气正的政治生态，提振干事创业的精气神，凝聚担当作为的正能量。全区各级党组织要切实增强深入推进全面从严治党的责任感、使命感、紧迫感，坚持态度不变、决心不减、尺度不松，持之以恒推动全面从严治党向纵深发展。

推进全面从严治党要始终把加强党的政治建设摆在首位，不断提高政治判断力、政治领悟力、政治执行力，把对"两个确立"的忠诚拥护转化为做到"两个维护"的政治自觉、思想自觉、行动自觉，坚决做习近平新时代中国特色社会主义思想的坚定信仰者和忠实实践者。

要紧扣建设廉洁政府、法治政府、服务型政府要求，坚持问题导向、目标导向、结果导向，深化以案促改，把正风肃纪反腐与深化改革、完善制度、促进治理深入贯通，完善监督机制，消除寻租空间，铲除腐败土壤。要强化资金项目管理，严肃财经纪律，严格工程监管，加强审计监督，把宝贵的资金用到紧要处、关键点，把每项工程都建成阳光工程、廉洁工程。要全力推进依法行政，用法治给权力定规矩、划界限，提高运用法治思维和法治方式解决问题、推动发展的能力，把政府工作全面纳入法治轨道。要深化"放管服"改革，严格落实减税降费政策，力行简政之道，加强事中事后监管，全力营造公平、高效、透明、开放的营商环境。

要坚决扛起全面从严治党政治责任，推动党风廉政建设不断取得新的更大成效。要抓住责任制这个"牛鼻子"，牵引带动全面从严治党各项任务要求落到实处。要抓住作风建设这个关键点，持之以恒树新风，全力以赴抓落实，毫不松懈纠"四风"。要抓住长效机制这个根本点，堵塞制度漏洞，规范权力运行，从源头上防止腐败发生，确保党和人民赋予的权力始终用来为人民谋幸福。

（三）久久为功，推进党风廉政建设和反腐败斗争

腐败与党的性质宗旨、初心使命格格不入，严重损害党同人民群众的血肉联系，是危害党的生命力和战斗力的最大毒瘤，是损害党的先进性和纯洁性的最大隐患，是党执政面临的最大威胁。反腐败斗争关系民心这个最大的政治，是最彻底的自我革命。坚定不移地反腐惩恶，是我们党坚强有力的表现，也是对我们党勇于自我革命鲜明品格的考验和锤炼。反腐败斗争具有长期性、艰巨性，容不得丝毫退让妥协，绝不能时紧时松。只有增强风险意识，不断提升对反腐败规律的认识，主动应对反腐败斗争新形势新挑战，以祛腐必净的决心高压惩治、靶向施策，坚决清除蜕化变质的腐败分子，坚决铲除滋生腐败的土壤，坚决打赢反腐败斗争攻坚战持久战，最大限度防止腐败带来的风险干扰，保证干部清正、政

府清廉、政治清明，才能赢得广大人民群众的信任支持拥护，使百年大党的执政基础和群众基础坚如磐石。

2020年1月13日，习近平总书记在十九届中央纪委四次全会上指出："我们要清醒认识腐蚀和反腐蚀斗争的严峻性、复杂性，认识反腐败斗争的长期性、艰巨性，切实增强防范风险意识，提高治理腐败效能。"我们要坚定不移惩治腐败，坚持一体推进不敢腐、不能腐、不想腐，进一步巩固和发展反腐败斗争压倒性胜利。要持之以恒正风肃纪，寸步不让、久久为功，深入落实中央八项规定精神，深化突出问题治理，防止老问题复燃、新问题萌发、小问题坐大，不断巩固拓展作风建设成效。要不断深化政治巡视，严明政治纪律和政治规矩，加强对贯彻落实党中央重大决策部署和履行全面从严治党政治责任情况的监督检查，特别是要把习近平总书记对内蒙古重要讲话重要指示批示精神的贯彻落实情况作为巡视监督的重中之重，切实发挥好利剑作用，确保党中央政令畅通。要坚定斗争意志、发扬斗争精神、掌握斗争规律，不畏艰险、不怕困难，在大是大非面前敢于亮剑，在歪风邪气面前敢于斗争。要持续加强干部队伍建设，强化内部监督，提升素质能力，关心关爱干部，打造一支忠诚干净担当的纪检监察和巡视巡察铁军。

站在新的历史起点上，我们要继续传承和弘扬"三北精神",将其融入党的自身建设中,不断深化党的自我革命,以更加开放的姿态、更加坚定的决心,推动党的事业不断进步。让我们携手共进,为实现中华民族伟大复兴的中国梦贡献内蒙古力量!

参考文献

一、著作

1. 国家林业和草原局西北华北东北防护林建设局.三北防护林体系建设40周年重要文件汇编［M］.北京：中国林业出版社，2018.

2. 国家统计局农村社会经济调查司.中国县域统计年鉴·2019(乡镇卷)［M］.北京：中国统计出版社，2020.

3. 习近平.论坚持人与自然和谐共生［M］.北京：中央文献出版社，2022.

4. 习近平关于"三农"工作的重要论述学习读本［M］.北京：人民出版社、中国农业出版社，2023.

5. 习近平谈治国理政［M］.北京：外文出版社，2014.

6. 中共中央文献研究室.习近平关于社会主义生态文明建设论述摘编［M］.北京：中央文献出版社，2017.

7. 中共中央宣传部.习近平总书记系列重要讲话读本［M］.北京：学习出版社，人民出版社，2014.

8.中共中央宣传部.习近平总书记系列重要讲话读本（2016年版）［M］.北京：学习出版社、人民出版社，2016.

9.中国共产党第十八届中央委员会第三次全体会议文件汇编［M］.北京：人民出版社，2013.

10.中华人民共和国政区大典·内蒙古自治区卷［M］.北京：中国社会出版社，2018.

11.国家民族事务委员会，中共中央文献研究室.新时期民族工作文献选编［M］.北京：中央文献出版社，1990.

12.中共中央文献研究室.习近平关于全面建成小康社会论述摘编［M］.北京：中央文献出版社，2016.

二、期刊

1.让黄河成为造福人民的幸福河［J］.求是，2019（20）.

2.杜尚儒.八步沙与"六老汉"的不完全故事［J］.新西部，2022（05）.

3.甘肃有个"六老汉"——记八步沙林场三代人治沙造林先进群体［J］.内蒙古林业，2019（05）.

4.郭涛，王成祖.三北防护林体系建设20年综述［J］.林业经济，1998（06）.

5.国务院批转国家林业总局关于在三北风沙危害和水土流失重点地区建设大型防护林的规划［J］.新疆林业，1979（05）.

6.海莲，高立平，王霞，赵晨光，张晨，李晓军.阿拉善

盟治沙增绿促发展 生态建设谱新篇［J］.内蒙古林业，2020（08）.

7.何志强.磴口县实现治沙与致富双赢［J］.内蒙古林业，2020（07）.

8.梁书策.多伦县：树起生态文明建设绿色丰碑［J］.内蒙古林业，2015（12）.

9.刘德.深入践行习近平生态文明思想 努力建设人与自然和谐共生的美丽内蒙古［J］.内蒙古统战理论研究，2023（01）.

10.马秀梅，刘吉平.阿拉善左旗：全力描绘生态美、产业兴的壮美画卷［J］.内蒙古林业，2023（06）.

11.任卫东，姜伟超.八步沙·六老汉·三代人［J］.小康，2019（26）.

12.三北防护林工程建设管理局.依靠"三北"精神在万里风沙线上筑起"绿色长城"——三北防护林工程建设综述［J］.国土绿化，2008（12）.

13.尚陵彬.王有德：科学治沙探路人的坚守与创新［J］.宁夏画报，2018（07）.

14.邵彬.王有德：走向人格的高度［J］.中国民族，2020（07）.

15.时代楷模：八步沙林场"六老汉"三代人治沙造林先进群体［J］.求是，2023（07）.

16. 王玉宽，孙雪峰，邓玉林，彭培好，范建容．对生态屏障概念内涵与价值的认识［J］．山地学报，2005，23（05）．

17. 王志亮．青春无悔 奋斗最美——塞罕坝林场人艰苦奋斗的故事［J］．中国共青团，2020（02）．

18. 习近平．推动我国生态文明建设迈上新台阶［J］．求是，2019（02）．

19. 杨俊平．边疆少数民族地区土地沙漠化成因与防治对策［J］．理论研究，1997（03）．

20. 张淼．坚持绿色发展战略定位下内蒙古荒漠化治理路径研究［J］．黑龙江环境通报，2024（01）．

21. 赵娜．汗洒黄沙地 翻唱信天游——治沙英雄石光银［J］．决策与信息，2012（12）．

22. 一代接着一代干 终把荒山变青山——塞罕坝林场建设的经验与启示［J］．求是，2017（16）．

23. 仲长年．筑牢国家生态安全屏障［J］．中国林业产业，2022（09）．

24. "七一勋章"获得者："治沙英雄"石光银［J］．求是，2021（19）．

三、报纸

1. 本报评论员．"七个作模范"是紧密联系内在统一的整体［N］．内蒙古日报，2023-07-26．

2. 霍晓庆.2024年内蒙古计划完成防沙治沙1500万亩以上［N］.内蒙古日报，2024-02-05（01）.

3. 贾平凡.中国筑牢防治荒漠化的"绿色长城"［N］.人民日报海外版，2023-06-19.

4. 李慧.40年，筑起祖国北疆的绿色长城——三北防护林工程建设综述［N］.光明日报，2018-12-01（06）.

5. 李卓.打好攻坚战 护佑黄河安澜［N］.内蒙古日报，2023-09-12.

6. 三北防护林体系建设30年总结表彰大会在京召开［N］.光明日报，2018-11-28（04）.

7. 内蒙古关于打好"三北"工程攻坚战和三大标志性战役 推进防沙治沙和风电光伏一体化工程的令［N］.内蒙古日报，2024-03-20.

8. 王丰.荒漠化治理要算整体账［N］.内蒙古商报，2023-08-29.

9. 王茹.筑牢北疆万里生态安全屏障［N］.光明日报，2023-07-19（01）.

10. 习近平.坚持节约资源和保护环境基本国策 努力走向社会主义生态文明新时代［N］.人民日报，2013-05-25.

11. 让绿水青山造福人民泽被子孙——习近平总书记关于生态文明建设重要论述综述［N］.人民日报，2021-06-03（01）.

12. 习近平在视察"互联网之光"博览会时强调：要用好互联网带来的重大机遇 深入实施创新驱动发展战略［N］.人民日报，2015-12-17.

13. 完整准确全面贯彻新发展理念 铸牢中华民族共同体意识［N］.人民日报，2021-03-06（01）.

14. 扎实推动经济高质量发展 扎实推进脱贫攻坚［N］.人民日报，2018-03-05（01）.

15. 从茫茫荒原到莽莽林海 人工修复缔造塞罕坝生态奇迹［N］.科技日报，2023-12-11.

16. 杨梦帆，毛晓雅.共同守护美丽家园 推动林草高质量发展［N］.农民日报，2024-01-03（02）.

17. 张栎.黄河流域（宁夏—内蒙古段）横向生态补偿协议签订［N］.人民日报海外版，2023-11-03.

18. 张烁.内蒙古河套灌区高效灌溉泽润良田［N］.人民日报，2023-07-26.

19. 中共中央 国务院关于全面推进美丽中国建设的意见［N］.人民日报，2023-12-27（01）.

20. 周一青.勇担防沙治沙时代责任 筑牢西北生态安全屏障［N］.宁夏日报，2023-06-14.

21. "七一勋章"获得者、治沙英雄石光银：干成治沙一件事，就算没白活［N］.光明日报，2021-07-07（08）.

22. "治沙英雄"牛玉琴：11万亩沙漠披绿装[N].人民日报，2019-06-19.

23. 殷玉珍：这辈子跟沙漠"没个完"[N].青海日报，2024-03-07.

24. 寸步不退 "死磕"硬抗 守得沙漠变绿洲[N].内蒙古日报，2024-01-19.

25. 将担当写在绿水青山间——"最美自然守护者"回眸[N].光明日报，2023-04-23（03）.

26. 董鸿儒：把荒山变林海 诠释"两山"理念[N].内蒙古日报，2021-04-13.

27. 苏和老人十年如一日 栽下3000亩梭梭林——把绿色种进大漠[N].人民日报，2014-04-30.

28. 辛向阳.中国共产党人精神谱系的鲜明特征[N].内蒙古日报，2023-06-01.

29. 李兴华，王文华.弘扬"三北精神" 构筑北疆绿色屏障[N].内蒙古日报，2023-09-07.

30. 库布其为全球荒漠化治理贡献中国智慧[N].中国绿色时报，2023-07-13.

31. 张欣瑞.内蒙古交出三北工程攻坚战"高分答卷"[N].中国绿色时报，2024-02-08.

四、其他

1. 七十余载，乌兰布和沙漠中的绿色传承. 掌上巴彦淖尔官方账号，2024-03-31.

2. 弘扬蒙古马精神和"三北精神"，吃苦耐劳闯新路、一往无前进中游. 呼和浩特经济技术开发区微信公众号，2024-05-16.

后 记

2023年6月,习近平总书记在内蒙古巴彦淖尔市主持召开加强荒漠化综合防治和推进"三北"等重点生态工程建设座谈会时,号召大家发扬"艰苦奋斗、无私奉献、锲而不舍、久久为功"的"三北精神"。习近平总书记的殷殷嘱托推动了学术界、理论界对"三北精神"的研究。研究"三北精神"既是贯彻习近平生态文明思想的重要举措,也是践行习近平总书记对内蒙古重要讲话重要指示批示精神的具体行动。

本书由内蒙古大学马克思主义学院教授孙大为、中共和林格尔县委党校教师王禹等共同编写完成。其中,孙大为负责全书的总体框架设计,王禹负责统稿和文字编校,秦乔负责文字编校。内蒙古大学马克思主义学院研究生张欣冉、张辰星、刘晓楠、王林慧、陈晓敏参与了最初的讨论、资料搜集整理和部分撰写工作,在此一并表示感谢。本书具体的编写分工如下:前言、后记由孙大为编写,第一章由孙大为、张欣冉编写,第二章由孙大为、张欣冉、王禹编写,第三章由孙大为、王林慧编写，第四章由王禹、孙大为编写。

在本书即将付梓之际，特别感谢内蒙古自治区党委宣传部的信任和大力支持！本书可能存在一些不尽如人意之处，但这多半是水平有限所致，而非态度和学风所致，唯愿我们的努力能得到读者的谅解和认可。

内蒙古人民出版社王静、董丽娟、蔺小英、刘那日苏负责本书的编辑、排版工作。需要特别指出的是，本书在撰写过程中，吸收和借鉴了许多同行的相关研究成果和文献资料，在此向他们表示诚挚的感谢和由衷的敬意。

本书编写组

2024 年 5 月 20 日